BEAUTY
COLOR
THEORY

뷰티색채학

권오혁 | 이정민

구민사

Contents

Chapter 01 색 지각 07

1. 색 (물리적 현상) 07
2. 색채 (심리적 현상) 07
3. 빛의 스펙트럼 07
4. 색지각 3요소 08

Chapter 02 색의 분류와 3속성 09

1. 색의 분류 09
2. 색의 3속성 09

Chapter 03 먼셀 표색체계(Munsell Color System) 13

1. 색의 분류 13

Chapter 04 KS표준색 색체계 16

1. 기본색명 16
2. 관용색명 17
3. 계통색명 22

Chapter 05 색조(Tone) 23

Chapter 06 색채심리 57

1. 색채의 감정효과 57
2. 색채와 공감각 62
3. 색채대비와 동화 63

Chapter 07 색채배색 67

1. 색상배색 67
2. 색조배색 71
3. 배색 기법 73

Chapter 08 배색의 이미지 89

1. 색의 연상 89
2. 색의 이미지 스케일 90
3. 언어 이미지 배색 95
4. 퍼스널 컬러 113
5. 사계절 배색 117

B E A U T Y

C O L O R

T H E O R Y

01 Chapter

색 지각

1 색 (물리적 현상)

- 빛이 대상에 닿았을 때 생기는 반사, 흡수, 투과, 굴절, 분해 등의 과정을 통해 인간의 눈을 자극하는「물리적 지각 현상」
- 모든 물체색은 빛의 반사율에 의해 결정되며, 파장에 따라 다양한 색감을 나타낸다.

2 색채 (심리적 현상)

- 색이 망막에 의해 지각되는 물리적 현상과 함께 연상, 상징, 느낌 등의 심리적인 현상에 의해 성립된 시감각

3 빛의 스펙트럼

- 인간이 볼 수 있는 빛의 영역인 가시광선은 380~780nm이다.
- 백색광이 프리즘을 통과할 때 각각 파장에 따라 다르게 굴절하여 스펙트럼을 만든다.
- 보라색보다 파장이 짧은 빛을 자외선, 빨강보다 파장이 긴 빛을 적외선이라 한다.

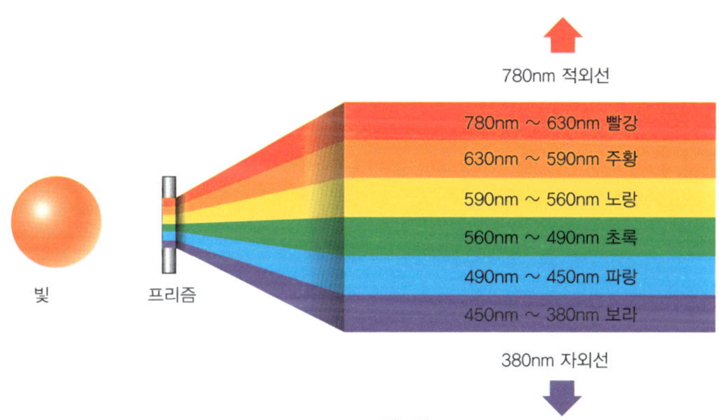

스펙트럼

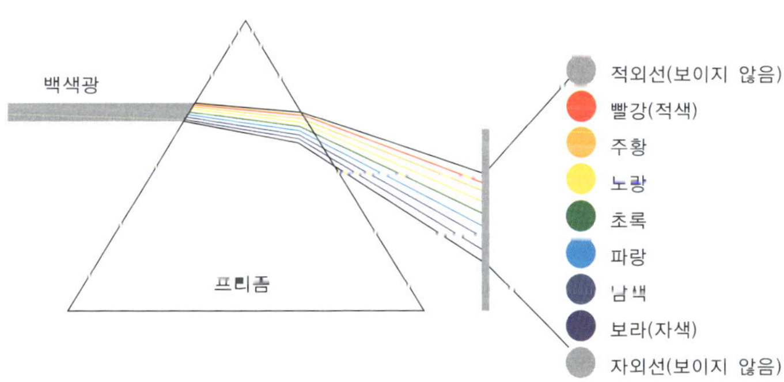

4 색지각 3요소

- **광원** : 태양, 전기 등의 가시광선
- **대상(물체)** : 반사, 흡수, 굴절 등의 현상을 일으켜 눈에 색을 전달하는 대상
- **감각기관(눈)** : 특정한 빛색을 색채로 수용하고 지각하는 감각기관

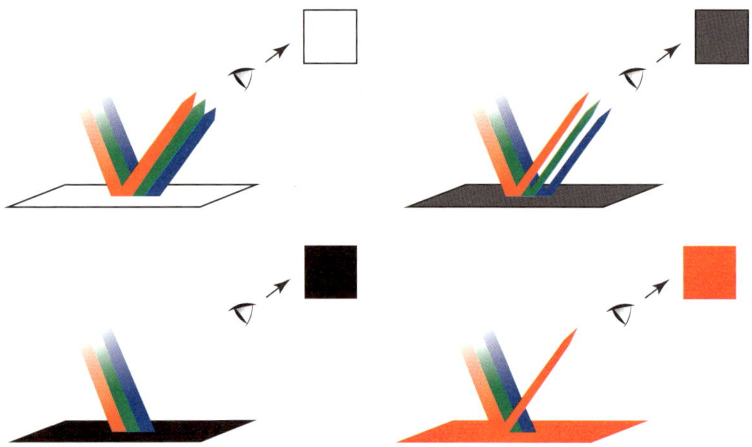

02 Chapter 색의 분류와 3속성

1 색의 분류

색은 일반적으로 무채색과 유채색으로 나뉜다.

1) 무채색

- 색기미가 전혀 없고 색의 밝고 어두움만을 가진다.
  - 흰색, 회색, 검정
  - 무채색은 온도감에서 따뜻하지도 차지도 않은 중성색의 특징을 가진다.

2) 유채색

- 순수한 무채색을 제외한 빛의 스펙트럼에서 하나의 파장을 가지고 있는 모든 색
- 빨강, 주황, 노랑, 파랑, 보라 등의 색이 포함된 모든 색으로 색상, 명도, 채도의 3속성을 가진다.

2 색의 3속성

색을 구별하는 색의 3요소 또는 색의 3속성은 색상, 명도, 채도이다.

1) 색상(Hue)

- 색을 구별할 수 있는 색의 특징으로 유채색에만 존재한다.
- 빨강(R), 노랑(Y), 초록(G), 파랑(B), 보라(P) 5가지를 기본색으로 한다.
- 가시광선에서 보이는 빨강에서 보라까지의 색 연결고리를 스펙트럼 순서대로 시계방향으로 둥글게 배열한 것을 색상환(hue circle)이라 한다.
- 인간은 약 200가지의 색상을 구별할 수 있다.

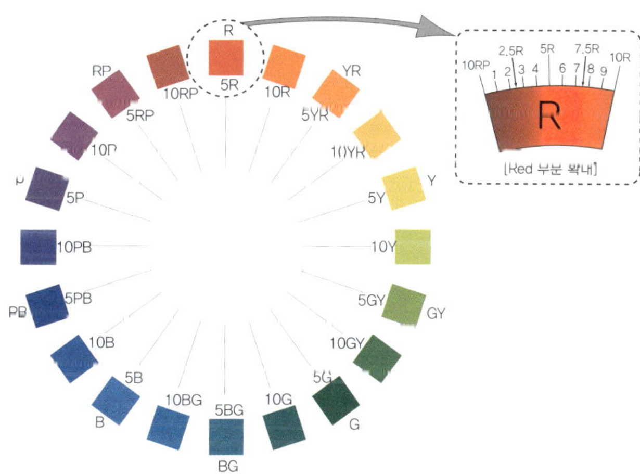

[먼셀의 20 색상환]

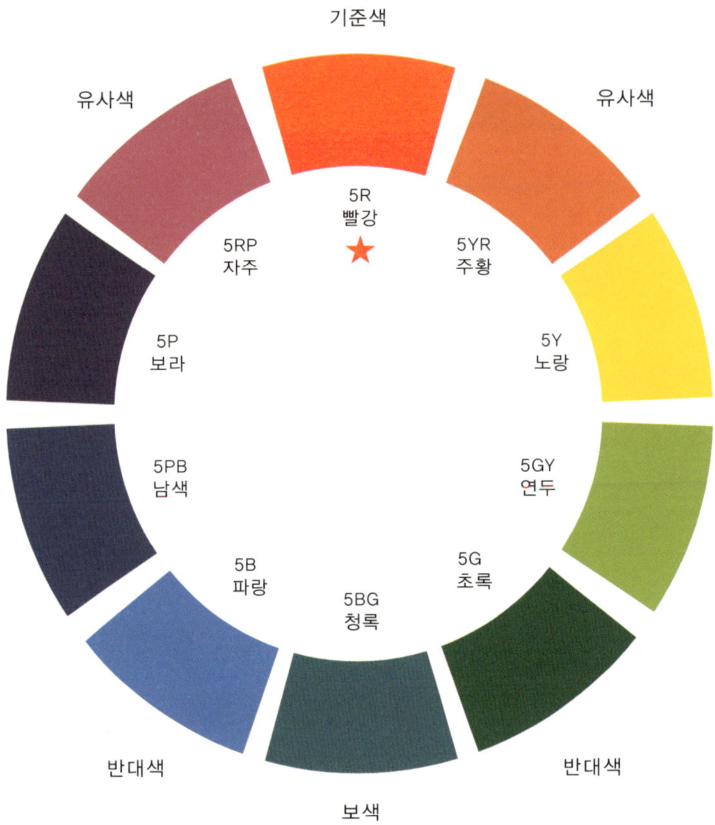

[멘셀의 10 색상환]

유사색	색상환 안에서 서로 가까운 거리에 있는 색상 간의 관계. 빨강(5R)을 기준으로 주황(5YR)과 자주(5RP)는 유사색. 노랑(5Y)을 기준으로 ____________와 ____________는 유사색
반대색	색상환 안에서 서로 먼 거리에 있는 색상 간의 관계. 빨강(5R)을 기준으로 파랑(5B)과 초록(5G)은 반대색. 노랑(5Y)을 기준으로 ____________와 ____________는 반대색
보색	색상환 안에서 180° 반대편의 색상 간의 관계. 빨강(5R)을 기준으로 청록(5BR)은 보색. 노랑(5Y)을 기준으로 ____________은 보색

2) 명도(Value)

- 색의 밝고 어두운 정도
- 흰색에 가까울수록 명도가 높아지고(고명도) 검정에 가까울수록 명도가 낮아진다(저명도).
- 명도는 무채색과 유채색에 모두 존재한다.
- 실제 흰색과 검정은 존재하지 않으며, 명도단계는 Neutral의 약호를 따서 N1.5~N9.5의 10단계로 나뉜다.

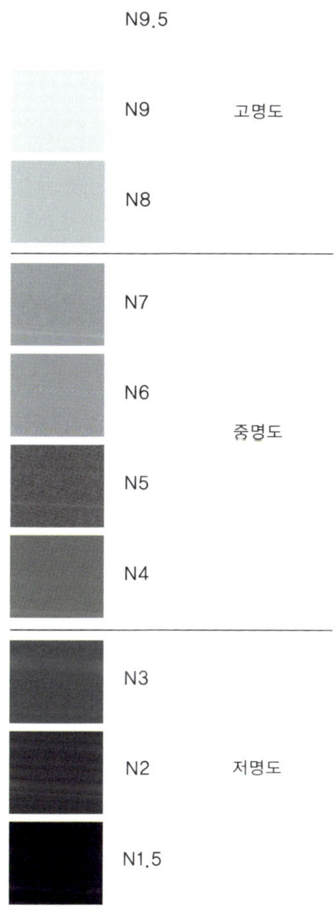

명도(V)

무채색 명도단계	 저명도 ← 중명도 → 고명도
유채색 명도단계	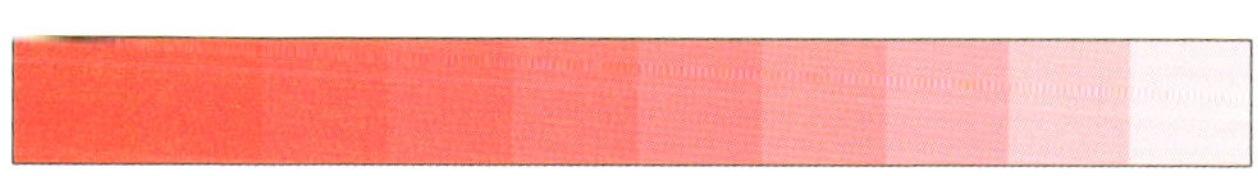 저명도 ← 중명도 → 고명도

3) 채도(Chroma)

- 색의 순수한 정도, 맑고 탁함의 정도를 나타낸다.
- 유채색에만 존재하며, 순색에 섞인 무채색의 혼합량에 따라 색의 채도가 달라진다.
- 무채색 축을 기준으로 축에 가까울수록 채도는 낮아지고(저채도), 축에서 멀어질수록 채도는 높아진다(고채도).
- 순색은 유채색에 무채색을 섞을수록 채도가 낮아진다.
- 색상에 따라 채도의 한도가 각각 다르다.

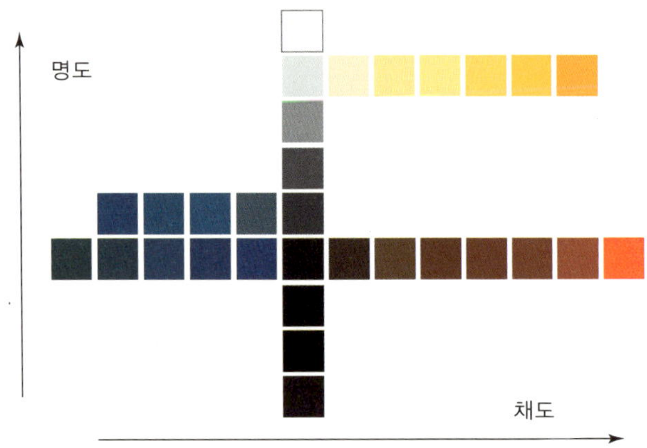

순색	각 색상 중에서 채도가 가장 높은 색
청색	**명청색:** 순색에 흰색이 섞인 색
	암청색: 순색에 검정이 섞인 색
탁색	순색에 회색이 섞인 색

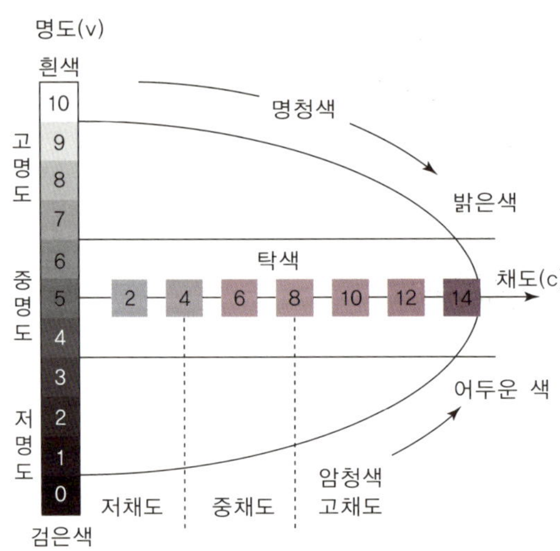

03 Chapter

먼셀 표색체계(Munsell Color System)

1 색의 분류

- 1905년 미국 화가 먼셀(Albert H. Munsell, 1858~1918)이 고안한 색표시법이다.
- 색의 3속성을 H(색상), V(명도), C(채도)로 기호화하여 표기한다.
- 민셀의 색입체(Color Tree)는 색상·명도·채도가 수직선의 명도를 중심으로 수평의 채도가 색상에 따라 환형으로 배치되어 있다.

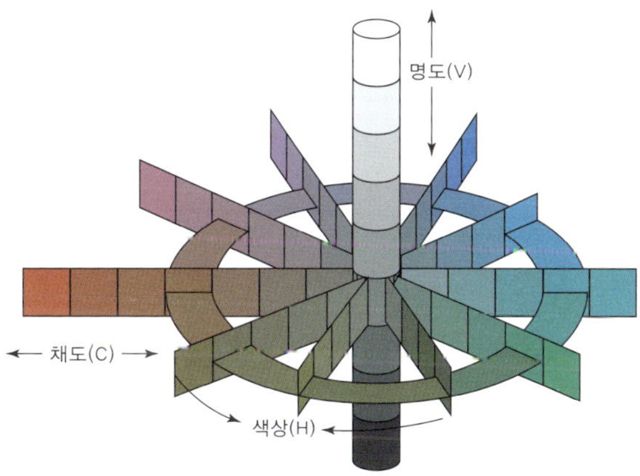

[먼셀 표색체계]

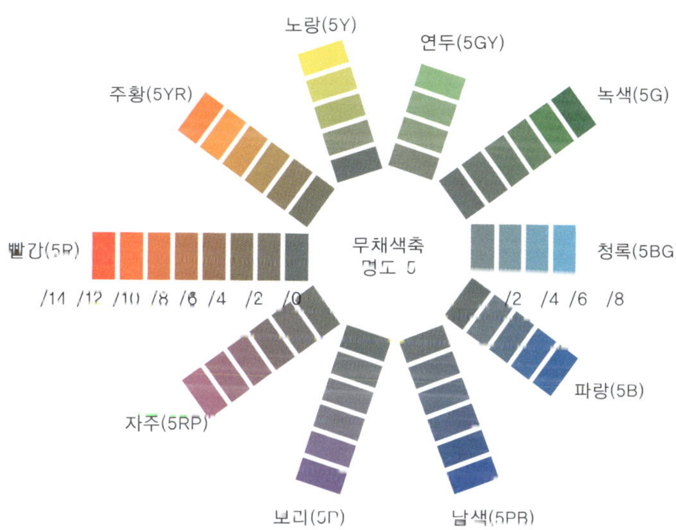

[먼셀색입체수평단면(등명도면)]

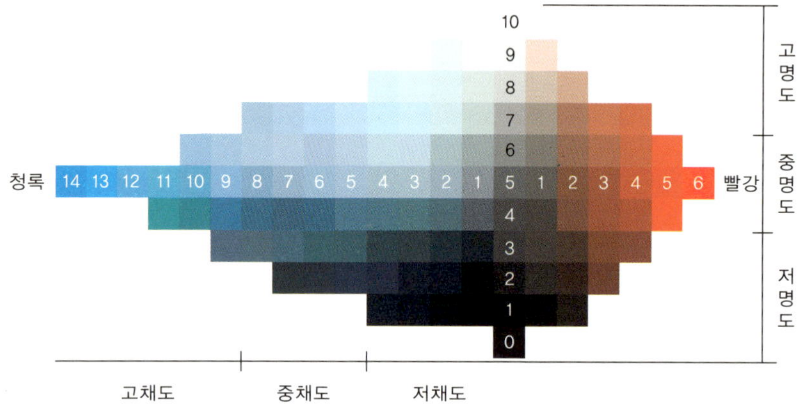

[먼셀색입체수직단면(보색위치)]

- 멘셀의 색상환은 빨강(R), 노랑(Y), 녹색(G), 파랑(B), 보라(P)를 가장 기본색으로 두고, 각 사이에 그 색들의 중간색인 주황(YR), 연두(GY), 청록(BG), 남색(PB), 자주(RP)를 삽입하여 총 10가지의 색상으로 나눈 후, 각 색상을 다시 열 가지로 분류하여 R에서 RP까지 총 100색상이 되도록 구성한다. 각 1부터 10의 번호 중 5R, 5P 등 5번째 색이 그 색상의 대표 색상이다.
- 멘셀의 표색체계에서 색의 표기는 H(색상), V(명도), C(채도) 순으로 HV/C의 기호로 표기한다. '5R 5/6'은 색상은 5R, 명도 5, 채도 6을 의미한다.

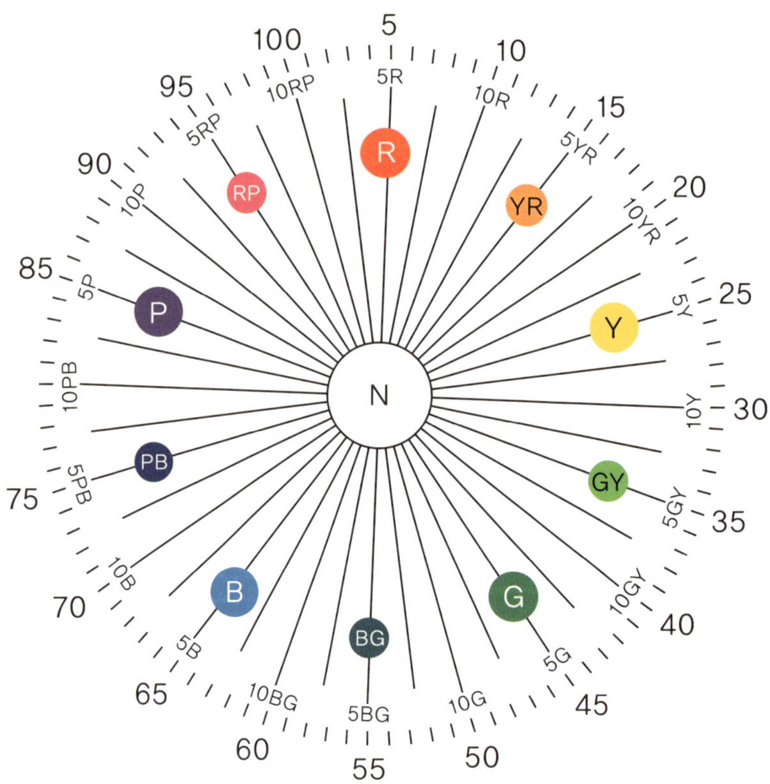

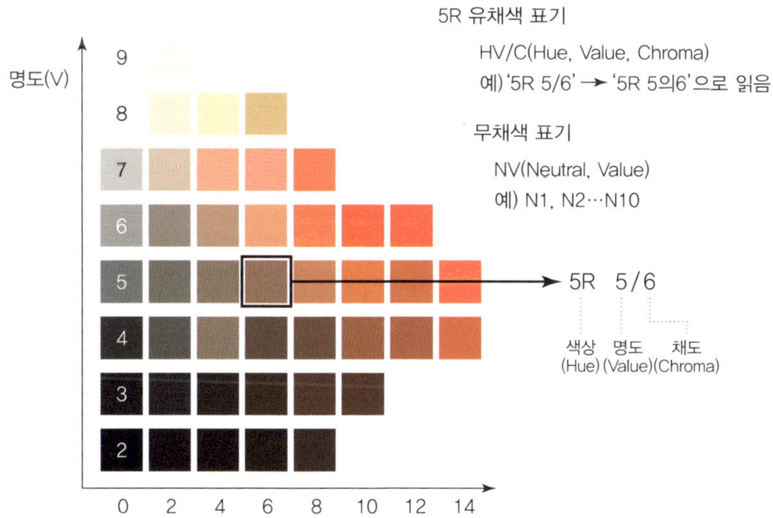
명도(V)
9
8
7
6
5
4
3
2
0
2
4
6
8
10
12
14
5R 유채색 표기
HV/C(Hue, Value, Chroma)
예) '5R 5/6' → '5R 5의6'으로 읽음
무채색 표기
NV(Neutral, Value)
예) N1, N2···N10
5R 5/6
색상 (Hue)
명도 (Value)
채도 (Chroma)

04 Chapter KS표준색 색체계

- 우리나라에서는 1964년에 전미색채협의회(Inter Society Color Council)와 미국표준국(National Bureau of Standards)이 공동으로 연구한 ISCC-NBS 색명체계를 바탕으로 한국산업규격의 표준색명(KS A 0011)을 제정하였으며, 계통색명과 관용색명으로 구분된다.

1 기본색명

- 기본적인 색 구분을 위한 용어
- 유채색 12색과 무채색 3색

◎ KS 유채색 기본색이름

기본색이름	색견본	대응 영어	약호	3속성 기호
빨강(적)		Red	R	7.5R 4/14
주황		Yellow Red	YR	2.5YR 6/14
노랑(황)		Yellow	Y	5Y 8.5/12
연두		Green Yellow	GY	7.5GY 7/10
초록(녹)		Green	G	2.5G 4/10
청록		Blue Green	BG	10BG 3/8
파랑(청)		Blue	B	2.5PB 4/10
남색		Purple Blue	PB	7.5PB 2/6
보라		Purple	P	5P 3/10
자주(자)		Red Purple	RP	7.5RP 3/10
분홍		Pink	Pk	10RP 7/8
갈색		Brown	Br	5YR 4/8

*3속성 기호는 한국색채디자인개발원 2017년 기준

◎ KS 무채색 기본색이름

기본색이름	색견본	대응 영어	약호	무채색 기호
하양(백)		White	Wh	N9.5
회색(회)		Neutral Gray(Grey)	Gy	N9~2
검정(흑)		Black	Bk	N1.5

*참고 2015년 6월 30일 개정안

2 관용색명

- 옛날부터 습관적으로 사용되어 온 색이름
- 관습적으로 사용되는 색명으로 동물(쥐색 등), 식물(장미색, 오렌지색, 밤색 등), 광물(금색, 은색, 코발트블루 등), 지명, 자연, 음식 등에서 유래된 색명

◎ 관용색이름

관용색이름	색상	계통색이름	대응 영어	색의 3속성에 의한 표시*
벚꽃색		흰 분홍	cherry blossom	2.5R 9/2
카네이션핑크		연한 분홍(연분홍)	carnation pink	2.5R 8/6
루비색		진한 빨강(진빨강)	ruby	2.5R 3/10
크림슨		진한 빨강(진빨강)	crimson	2.5R 3/10
베이비핑크		흐린 분홍	baby pink	5R 8/4
홍색		밝은 빨강		5R 5/14
연지색		밝은 빨강	madder red	5R 5/12
딸기색		선명한 빨강	strawberry	5R 4/14
카민		빨강	carmine	5R 4/12
장미색		진한 빨강(진빨강)	rose	5R 3/10
자두색		진한 빨강(진빨강)	plum	5R 3/10
팥색		탁한 빨강		5R 3/6
와인레드		진한 빨강(진빨강)	wine red	5R 2/8
복숭아색		연한 분홍(연분홍)	peach	7.5R 8/6
산호색		분홍	coral	7.5R 7/8
선홍		밝은 빨강		7.5R 5/16
다홍		밝은 빨강		7.5R 5/14
빨강		빨강	red	7.5R 4/14
토마토색		빨강	tomato	7.5R 4/12
사과색		진한 빨강(진빨강)	apple	7.5R 3/12
진홍		진한 빨강(진빨강)		7.5R 3/12
석류색		진한 빨강(진빨강)	pomegranate	7.5R 3/10
홍차색		진한 빨강(진빨강)		7.5R 3/8
새먼핑크		노란 분홍	salmon pink	10R 7/8
주색		선명한 빨간 주황	vermilion	10R 5/16
주홍		빨간 주황		10R 5/14
적갈		빨간 갈색(적갈색)	reddish brown	10R 3/10

관용색이름	색상	계통색이름	대응 영어	색의 3속성에 의한 표시*
대추색		빨간 갈색(적갈색)		10R 3/10
벽돌색		탁한 적갈색		10R 3/6
주황		주황	yello red	2.5YR 6/14
당근색		주황	carrot	2.5YR 6/12
감색[과일]		진한 주황(진주황)	persimmon	2.5YR 5/14
적황		진한 주황(진주황)		2.5YR 5/12
구리색		갈색	copper	2.5YR 4/8
코코아색		탁한 갈색	cocoa	2.5YR 3/4
고동색		어두운 갈색		2.5YR 2/4
살구색		연한 노란 분홍	apricot	5YR 8/8
갈색		갈색	brown	5YR 4/8
밤색		진한 갈색	chestnut brown	5YR 3/6
초콜릿색		흑갈색	chocolate	5YR 2/2
계란색		흐린 노란 주황	eggshell	7.5YR 8/4
귤색		노란 주황	tangerine	7.5YR 7/14
호박(琥珀)색[광물]		진한 노란 주황	amber	7.5YR 6/10
가죽색		탁한 노란 주황	buff	7.5YR 6/6
캐러멜색		밝은 갈색	caramel	7.5YR 5/8
커피색		탁한 갈색	coffee	7.5YR 3/4
흑갈		흑갈색	blackish brown	7.5YR 2/2
진주색		분홍빛 하양	pearl	10YR 9/1
호박색[채소]		노란 주황	pumpkin	10YR 7/14
황토색		밝은 황갈색	yellow ocher	10YR 6/10
황갈		노란 갈색(황갈색)	yellowish brown	10YR 5/10
호두색		탁한 황갈색	walnut	10YR 5/6
점토색		탁한 갈색	clay	10YR 4/4
세피아		흑갈색	sepia	10YR 2/2
베이지		흐린 노랑	beige	2.5Y 8.5/4
해바라기색		진한 노랑(진노랑)	sunflower	2.5Y 8/14
노른자색		진한 노랑(진노랑)	yolk yellow	2.5Y 8/12
금발색		연한 황갈색	blond	2.5Y 7/6
모래색		회황색	sand	2.5Y 7/2
베이지그레이		황회색	beige gray	2.5Y 7/1

관용색이름	색상	계통색이름	대응 영어	색의 3속성에 의한 표시*
카키색		탁한 황갈색	khaki	2.5Y 5/4
청동색		탁한 갈색	bronze	2.5Y 4/4
모카색		어두운 갈색	mocha	2.5Y 3/4
크림색		흐린 노랑	cream	5Y 9/4
연미색		흰 노랑	mayonnaise	5Y 9/2
상아색		흰 노랑	ivory	5Y 9/2
우유색		노란 하양	milk	5Y 9/1
노랑		노랑	yellow	5Y 8.5/14
개나리색		노랑	forsythia	5Y 8.5/14
병아리색		노랑		5Y 8.5/10
바나나색		노랑	banana	5Y 8/12
겨자색		밝은 황갈색	mustard	5Y 7/10
레몬색		노랑	lemon	7.5Y 8.5/12
참다래색(키위색)		녹갈색	kiwi	7.5Y 4/6
황록색		진한 노란 연두	yellowish green	10Y 6/10
올리브색		녹갈색	olive	10Y 4/6
국방색		어두운 녹갈색		2.5GY 3/4
청포도색		연두		5GY 7/10
풀색		진한 연두	grass green	5GY 5/8
쑥색		탁한 녹갈색	artemisia(green)	5GY 4/4
올리브그린		어두운 녹갈색	olive green	5GY 3/4
연두색		연두	green yellow	7.5GY 7/10
잔디색		진한 연두	lawn(green)	7.5GY 5/8
대나무색		탁한 초록	bamboo	7.5GY 4/6
멜론색		연한 녹연두	melon	10GY 8/6
백옥색		흰 초록		2.5G 9/2
초록		초록	green	2.5G 4/10
에메랄드그린		밝은 초록	emerald green	5G 5/8
옥색		흐린 초록	jade	7.5G 8/6
수박색		초록		7.5G 3/8
상록수색		초록	evergreen	10G 3/8
피콕그린		청록	peacock green	7.5BG 3/8
청록		청록	blue green	10BG 3/8

관용색이름	색상	계통색이름	대응 영어	색의 3속성에 의한 표시*
물색		연한 파랑(연파랑)	aqua blue	5B 7/6
하늘색		연한 파랑(연파랑)	sky blue	7.5B 7/8
시안		밝은 파랑	cyan	7.5B 6/10
세룰리안블루		파랑	cerulean blue	7.5B 4/10
파스텔블루		연한 파랑(연파랑)	pastel blue	10B 8/6
파우더블루		흐린 파랑	powder blue	10B 8/4
스카이그레이		밝은 회청색	sky gray	10B 8/2
바다색		파랑		10B 4/8
박하색		흰 파랑	mint	2.5PB 9/2
파랑		파랑	blue	2.5PB 4/10
프러시안블루		진한 파랑(진파랑)	prussian blue	2.5PB 2/6
인디고블루		어두운 파랑	indigo blue	2.5PB 2/4
비둘기색		회청색	dove	5PB 6/2
코발트블루		파랑	cobalt blue	5PB 3/10
사파이어색		탁한 파랑	sapphire	5PB 3/6
남청		남색		5PB 2/8
감(紺)색		어두운 남색	navy blue	5PB 2/4
라벤더색		연한 보라(연보라)	lavender	7.5PB 7/6
군청		남색	ultramarine blue	7.5PB 2/8
남색		남색	purple blue	7.5PB 2/6
남보라		남색		10PB 2/6
라일락색		연한 보라(연보라)	lilac	5P 8/4
보라		보라	purple	5P 3/10
포도색		탁한 보라	grape	5P 3/6
진보라		진한 보라(진보라)		5P 2/8
마젠타		밝은 자주	magenta	5RP 5/14
꽃분홍		밝은 자주		7.5RP 5/14
진달래색		밝은 자주	azalea	7.5RP 5/12
자주		자주	red purple	7.5RP 3/10
연분홍		연한 분홍(연분홍)		10RP 8/6
분홍		분홍	pink	10RP 7/8
로즈핑크		분홍	rose pink	10RP 7/8
포도주색		진한 적자색	wine	10RP 2/8

관용색이름	색상	계통색이름	대응 영어	색의 3속성에 의한 표시*
하양(흰색)		하양	white	N9.5
흰눈색		하양	white snow	N9.25
은회색		밝은 회색	silver gray	N8.5
시멘트색		회색	cement	N6
회색		회색	gray	N5
쥐색		어두운 회색		N4.25
목탄색		검정	charcoal gray	N2
먹색		검정		N1.25
검정(검은색)		검정	black	N0.5
금색				
은색				

* 대표색의 좌표값을 KS A 0062에 의한 표기 방법에 기초하여 먼셀표색계에 따라 표시하였다. 이 값은 연상되는 색의 합의반응과 최빈값에 의해 결정된 것으로 색이름에 대한 색채 영역의 중심값이 아니며 유일한 대표성을 갖는 것도 아니다. 따라서, 여기에 나타낸 색좌표값은 보조적 참고자료로만 활용할 수 있다.

3 계통색명

- 색채를 색의 3속성에 따라 분류
- 색에 대한 지식이 필요하여 습득하는 데 시간이 걸리나 추상적인 색명보다는 구체적인 제시가 가능하다.
- 색이름을 표현하는 수식어는 빨간색을 띤(reddish), 갈색을 띤(brownish) 등
- 명도와 채도를 포함한 유채색을 수식하는 표현은 선명한(vivid), 진한(deep) 등

◎ 색상을 표현하는 수식어

색상	대응 영어	약호
빨간(적)	reddish	r
노란(황)	yellowish	y
초록빛(녹)	greenish	g
파란(청)	bluish	b
보랏빛	purplish	p
자줏빛(자)	red–purplish	rp
분홍빛	pinkish	pk
갈	brownish	br
흰	whitish	wh
회	grayish	gy
검은(흑)	blackish	bk

◎ 톤을 표현하는 수식어

형용사	대응 영어	약호
선명한	vivid	vv
밝은	light	lt
진한	deep	dp
연한	pale	pl
흐린 / 부드러운	soft	sf
탁한	dull	dl
어두운	dark	dk
흰	whitish	wh
밝은 회색	light grayish	ltgy
회색	grayish	gy
어두운 회색	dark grayish	dkgy
검은	blackish	bk

05 Chapter

색조(Tone)

- 색조(Tone)란 색의 명도와 채도의 복합적인 개념으로, 단순한 색의 의미를 전달하는 것이 아니라 감성적인 색이 가지고 있는 이미지를 전달한다.
- 색조는 명도, 채도를 따로 파악하는 것보다 색의 이미지를 쉽게 떠올릴 수 있게 한다.
- 색조를 분류하는 체계는 사용분야, 쓰임새, 나라마다 다르게 나타낼 수 있다. 우리나라 한국산업규격(KS A 001)에서는 KS표준색(Hue & Tone) 색체계 155색의 기본색을 포함하여 13개의 색조(Tone)로 구분하고 있다.

◎ KS 색조

색조	대응영어	약호
기본	–	◎
선명한	vivid	vv
진한	deep	dp
어두운	dark	dk
탁한	dull	dl
흐린 / 부드러운	soft	sf
밝은	light	lt
연한	pale	pl
흰	whitish	wh
밝은 회	light grayish	ltgy
회	grayish	gy
어두운 회	dark grayish	dkgy
검은	blackish	bk

◎ KS 색조

색조(Tone)	이미지
vivid	• 모든 톤의 기준이 되는 가장 선명한 톤 • 중명도, 고채도 • 화려한, 선명한, 강한, 명쾌한
deep	• 강한 비비드 톤보다 명도가 낮은 차분한 톤 • 중/저명도, 고/중채도 • 차분한, 진한, 깊은, 고상한, 보수적인
dark	• 비비드 톤에 흑색이 섞여 명도가 낮은 어두운 톤 • 생동감이 적고 무게감이 느껴짐 • 저명도, 저/중채도 • 어두운, 단단한, 강한, 남성적인, 견고한
dull	• 덜 톤은 비비드 톤에 회색을 섞어 둔한 이미지 • 중명도, 저/중채도 • 점잖은, 차분한, 탁한, 격식 있는
soft	• 소프트 톤은 비비드 톤에 밝은 회색을 섞어 밝고 부드러운 이미지 • 중명도, 저/중채도 • 온화한, 부드러운, 편안한, 소박한, 심플한
light	• 라이트 톤은 비비드 톤에 흰색을 섞어 맑고 깨끗한 이미지 • 고명도, 고채도 • 우아한, 부드러운, 수수한, 자연스러운
pale	• 페일 톤은 비비드 톤에 10배의 흰색을 섞어 만든 색조로 유채색에서 가장 밝은 톤 • 고명도, 저/중채도 • 맑은, 여성스러운, 투명한, 가벼운, 맑은
whitish	• 고명도, 저채도 • 가벼운, 연한, 밝은
light grayish	• 중/고명도, 저채도 • 은은한, 소박한, 안정된
grayish	• 중명도, 저채도 • 차분한, 정적인, 침착한, 낡은

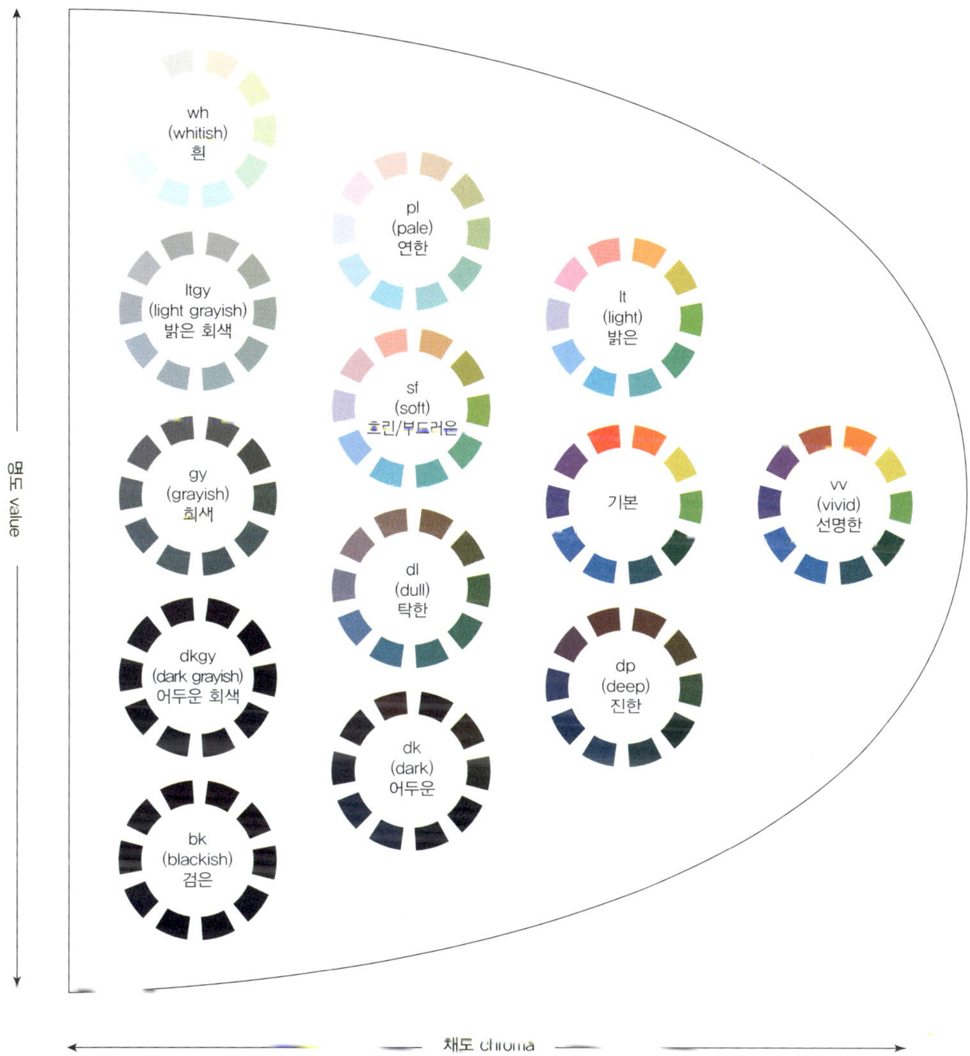
wh
(whitish)
흰
pl
(pale)
연한
ltgy
(light grayish)
밝은 회색
lt
(light)
밝은
sf
(soft)
흐린/부드러운
gy
(grayish)
회색
기본
vv
(vivid)
선명한
dl
(dull)
탁한
dkgy
(dark grayish)
어두운 회색
dp
(deep)
진한
dk
(dark)
어두운
bk
(blackish)
검은
명도 value
채도 chroma

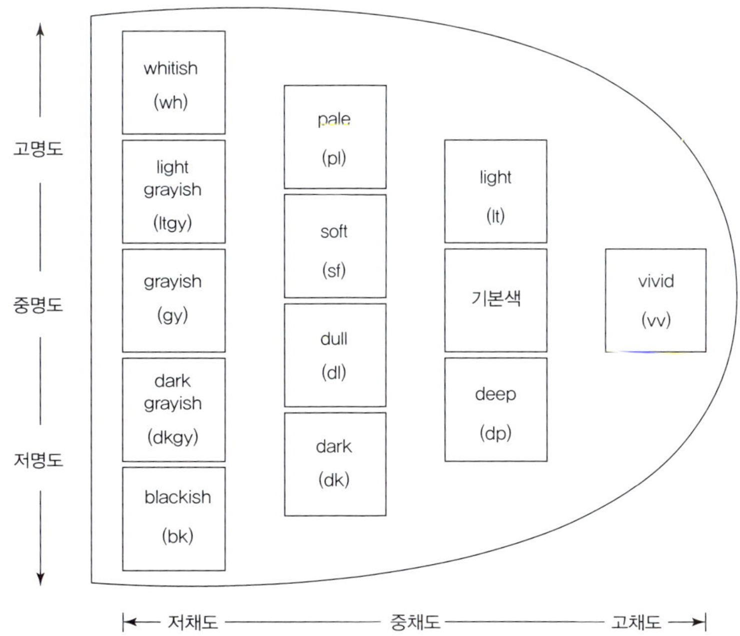
whitish
(wh)
light
grayish
(ltgy)
grayish
(gy)
dark
grayish
(dkgy)
blackish
(bk)
pale
(pl)
soft
(sf)
dull
(dl)
dark
(dk)
light
(lt)
기본색
deep
(dp)
vivid
(vv)
고명도
중명도
저명도
저채도
중채도
고채도

◎ 톤의 위치

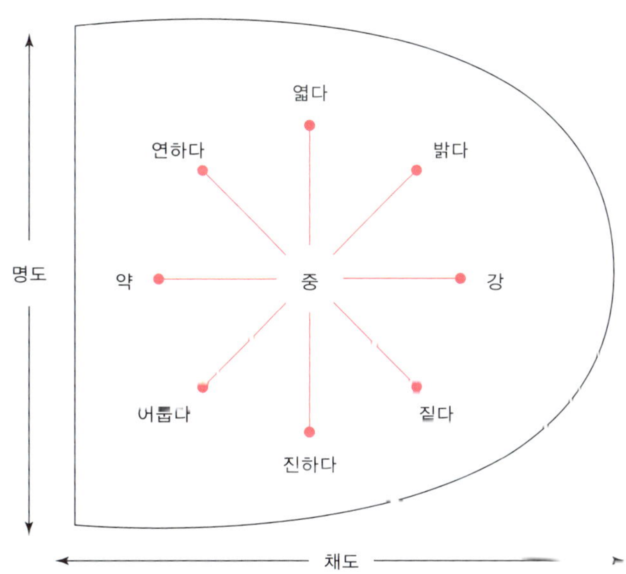
엷다
연하다
밝다
약
중
강
어둡다
짙다
진하다
명도
채도

◎ KS표준색(Hue & Tone) 색체계 155색

Tone \ Hue	R 빨강	YR 주황	Y 노랑	GY 연두	G 초록	BG 청록	B 파랑	PB 남색	P 보라	RP 자주
기본색 1~10	1	2	3	4	5	6	7	8	9	10
vivid 11~20	11	12	13	14	15	16	17	18	19	20
deep 21~30	21	22	23	24	25	26	27	28	29	30
dark 31~40	31	32	33	34	35	36	37	38	39	40
dull 41~50	41	42	43	44	45	46	47	48	49	50
soft 51~60	51	52	53	54	55	56	57	58	59	60
light 61~70	61	62	63	64	65	66	67	68	69	70
pale 71~80	71	72	73	74	75	76	77	78	79	80
whitish 81~90	81	82	83	84	85	86	87	88	89	90
light grayish 91~100	91	29	93	94	95	96	97	98	99	100
grayish 101~110	101	102	103	104	105	106	107	108	109	110
dark grayish 111~120	111	112	113	114	115	116	117	118	119	120
blackish 121~130	121	122	123	124	125	126	127	128	129	130

	Neutral 무채색
N9.5	146
N9	147
N8	148
N7	149
N6	150
N5	151
N4	152
N3	153
N2	154
N1	155

KS 기본 12가지 유채색	빨강	주황	노랑	연두	초록	청록	파랑	남색	보라	자주	분홍	갈색
	131	132	133	134	135	136	137	138	139	140	141	142

◎ KS표준색(Hue & Tone) 색체계 155색

Hue / Tone	R 빨강	YR 주황	Y 노랑	GY 연두	G 초록	BG 청록	B 파랑	PB 남색	P 보라	RP 자주
기본색 1~10	1	2	3	4	5	6	7	8	9	10
vivid 11~20	11	12	13	14	15	16	17	18	19	20
deep 21~30	21	22	23	24	25	26	27	28	29	30
dark 31~40	31	32	33	34	35	36	37	38	39	40
dull 41~50	41	42	43	44	45	46	47	48	49	50
soft 51~60	51	52	53	54	55	56	57	58	59	60
light 61~70	61	62	63	64	65	66	67	68	69	70
pale 71~80	71	72	73	74	75	76	77	78	79	80
whitish 81~90	81	82	83	84	85	86	87	88	89	90
light grayish 91~100	91	29	93	94	95	96	97	98	99	100
grayish 101~110	101	102	103	104	105	106	107	108	109	110
dark grayish 111~120	111	112	113	114	115	116	117	118	119	120
blackish 121~130	121	122	123	124	125	126	127	128	129	130

	Neutral 무채색
N9.5	146
N9	147
N8	148
N7	149
N6	150
N5	151
N4	152
N3	153
N2	154
N1	155

KS 기본 12가지 유채색	빨강	주황	노랑	연두	초록	청록	파랑	남색	보라	자주	분홍	갈색
	131	132	133	134	135	136	137	138	139	140	141	142

색조실습 1

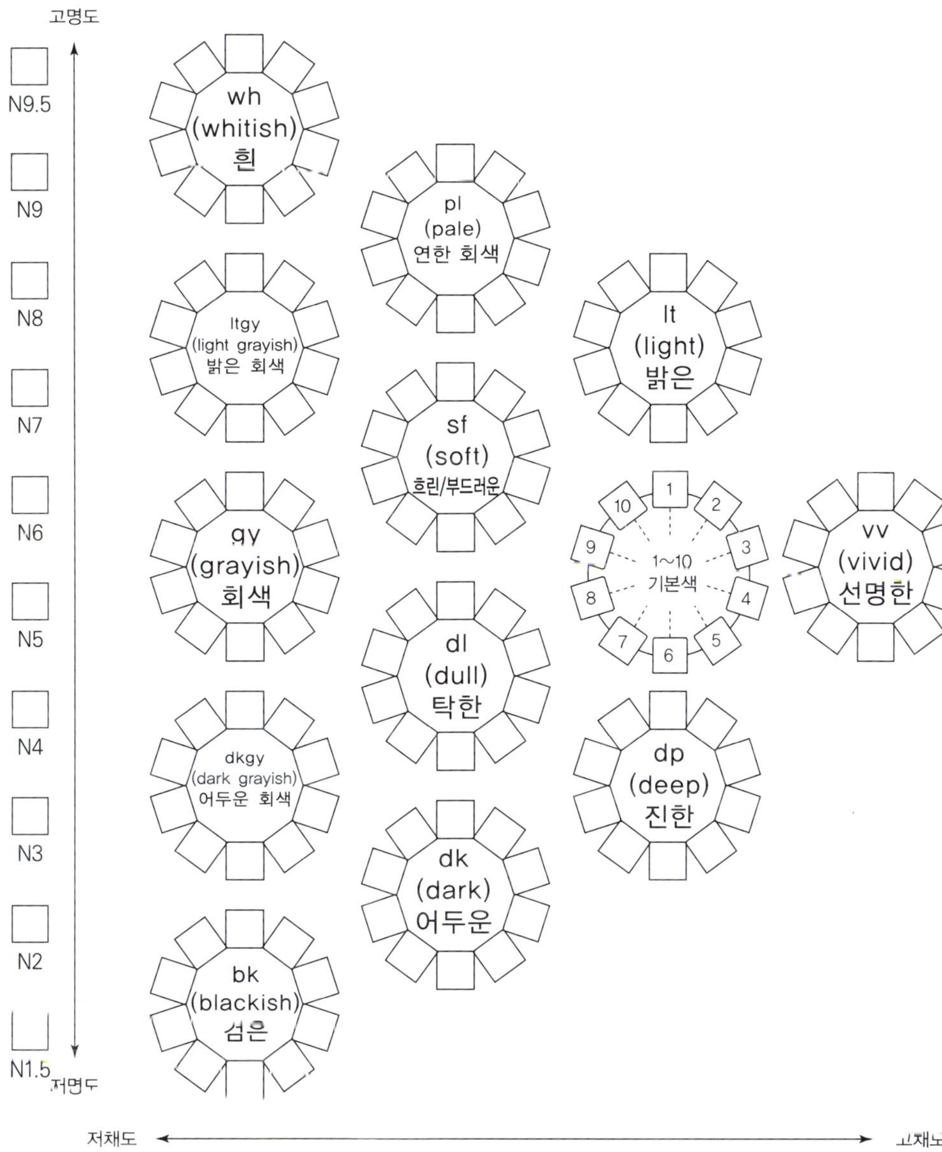

고명도
N9.5
N9
N8
N7
N6
N5
N4
N3
N2
N1.5
저명도
wh (whitish) 흰
ltgy (light grayish) 밝은 회색
gy (grayish) 회색
dkgy (dark grayish) 어두운 회색
bk (blackish) 검은
pl (pale) 연한 회색
sf (soft) 흐린/부드러운
dl (dull) 탁한
dk (dark) 어두운
lt (light) 밝은
1~10 기본색
1
2
3
4
5
6
7
8
9
10
dp (deep) 진한
vv (vivid) 선명한
저채도
고채도

◎ vivid(vv)

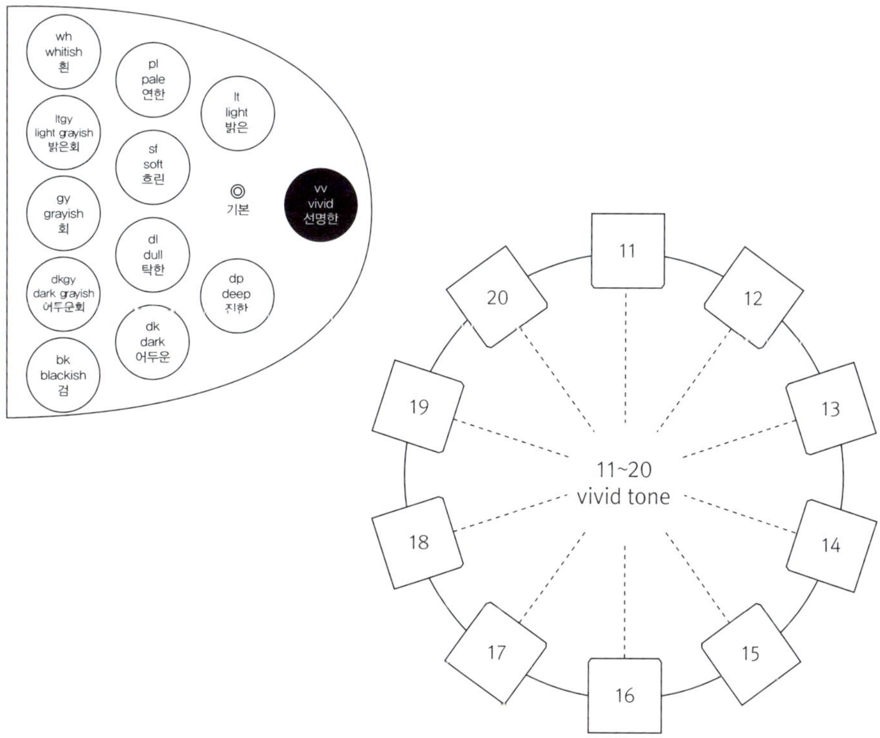

◎ deep(dp)

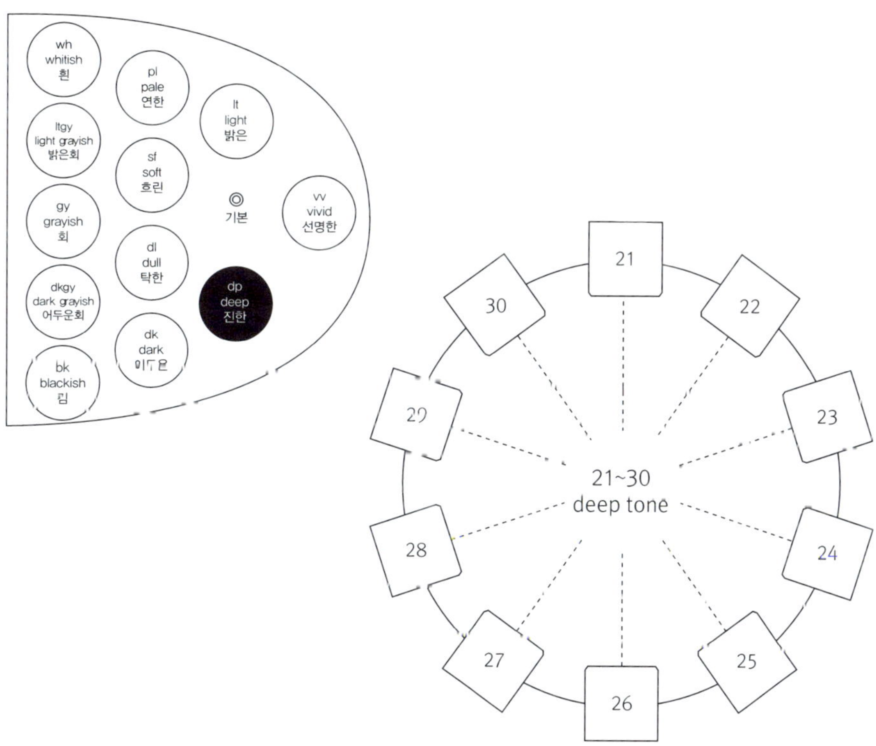

◎ dark tone(dt)

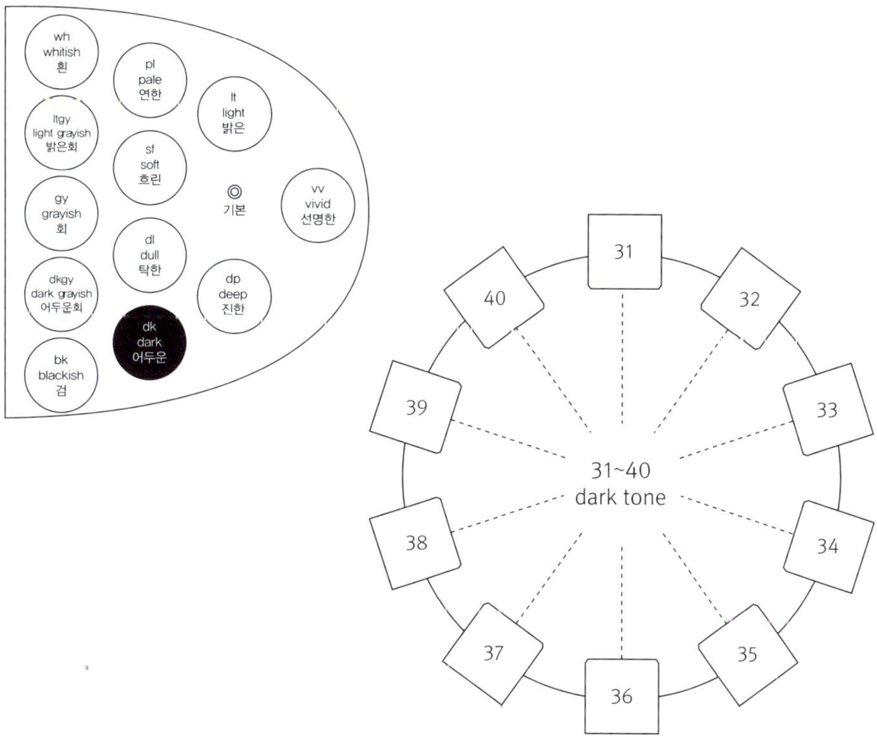

◎ dull tone(dl)

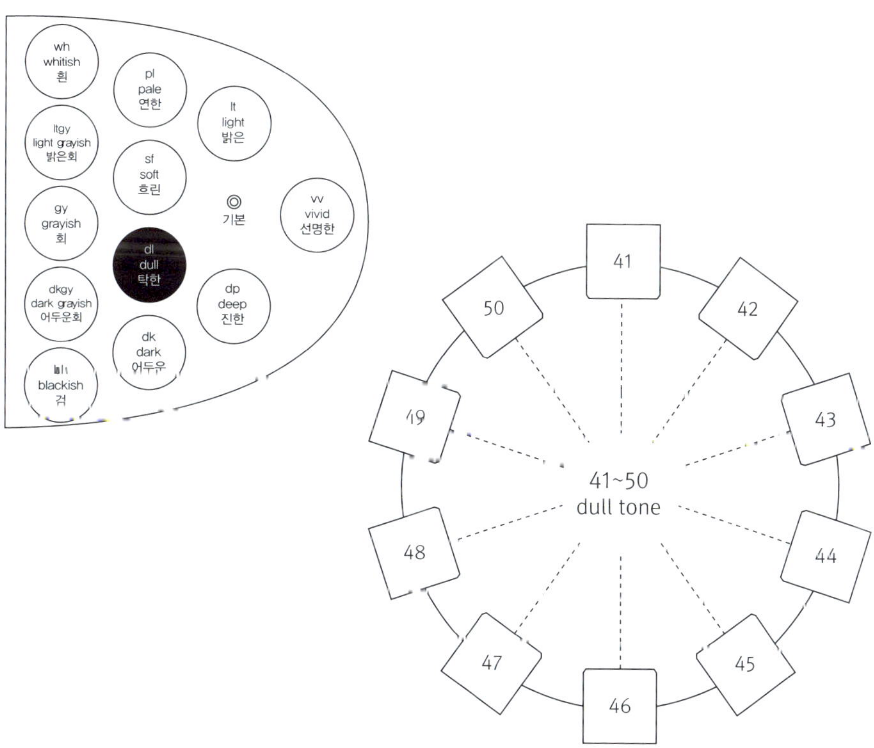

◎ soft tone(sf)

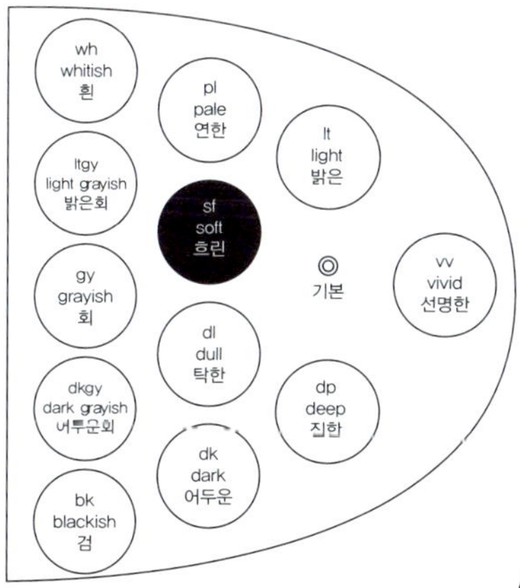

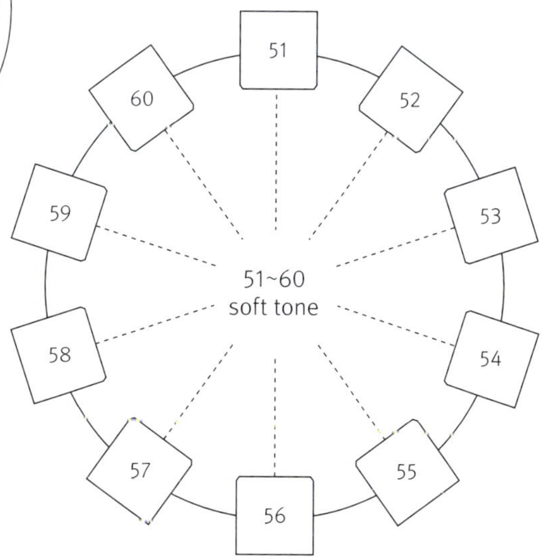

◎ light tone(lt)

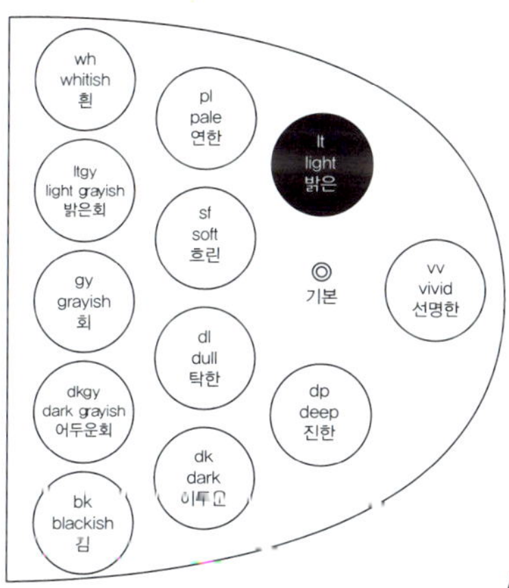

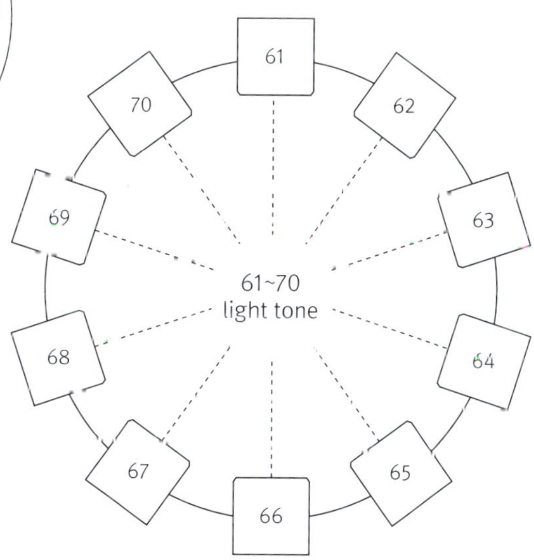

◎ pale tone(pt)

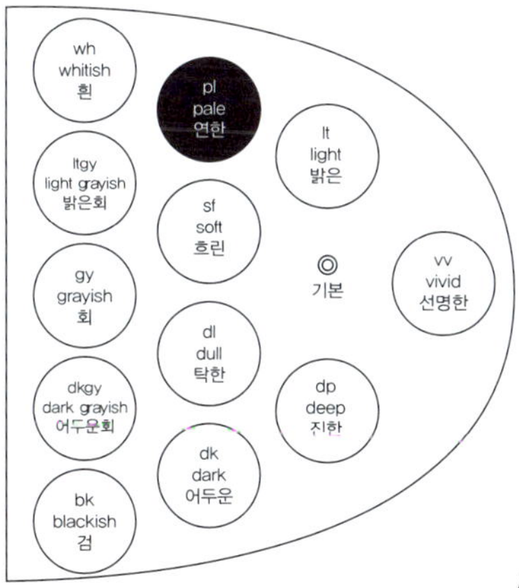

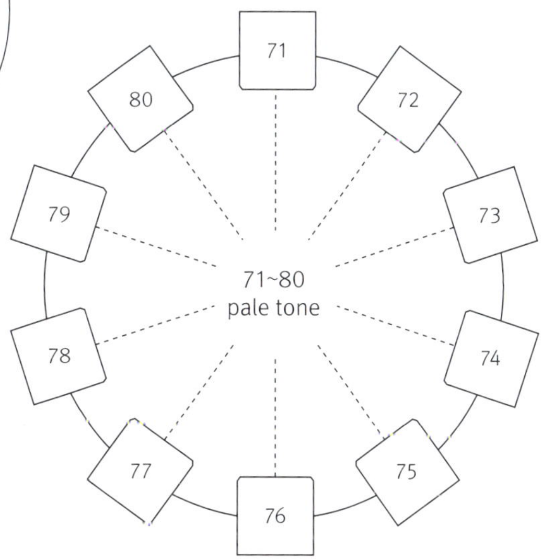

◎ whitish tone(wh)

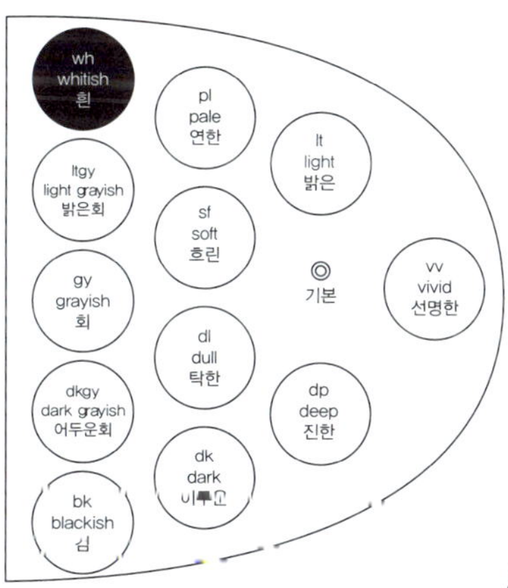

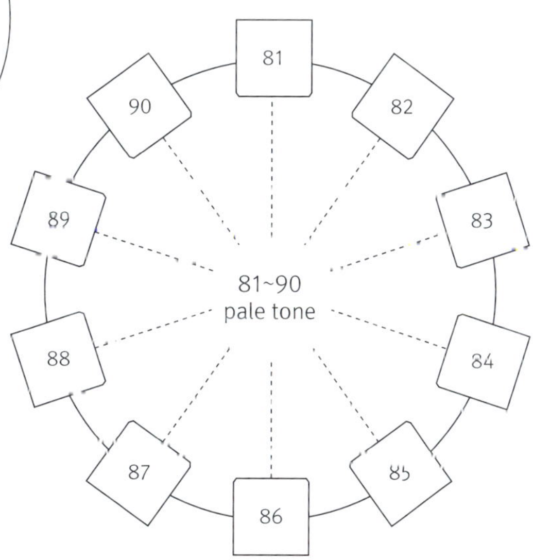

◎ light grayish(ltgy)

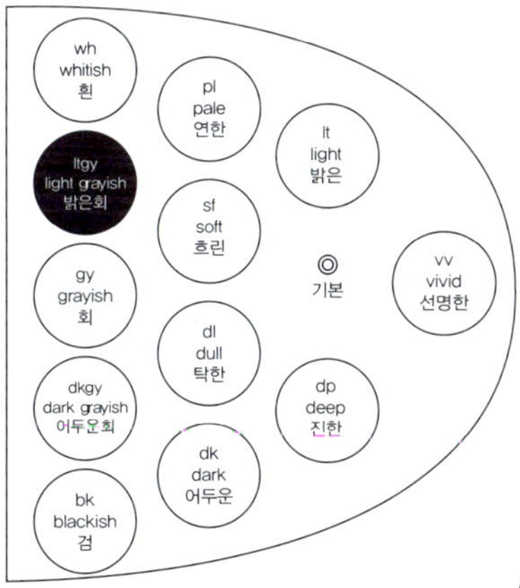

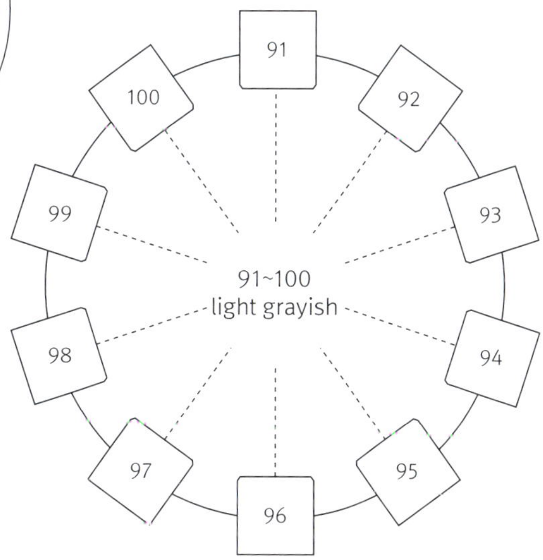

◎ grayish(gy)

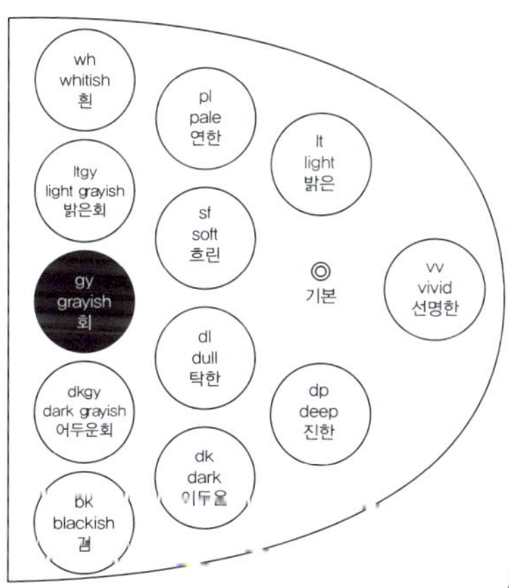

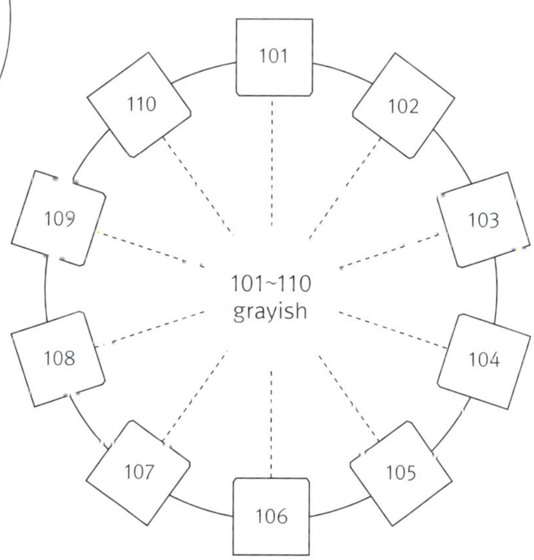

◎ dark grayish(dkgy)

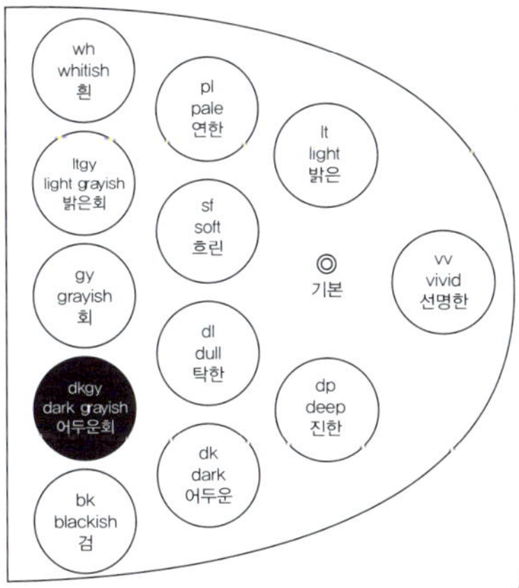

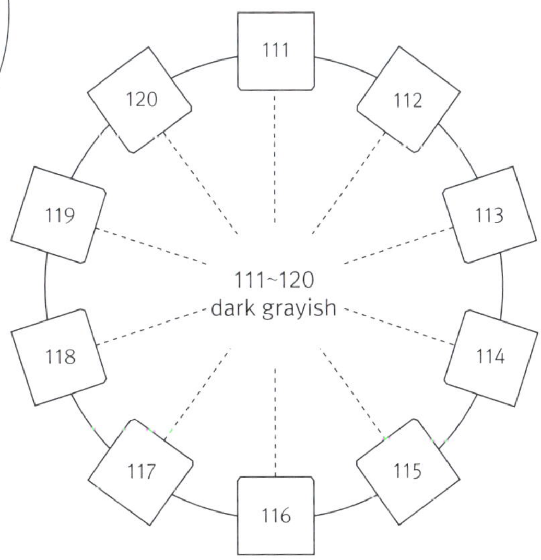

◎ blackish(bk)

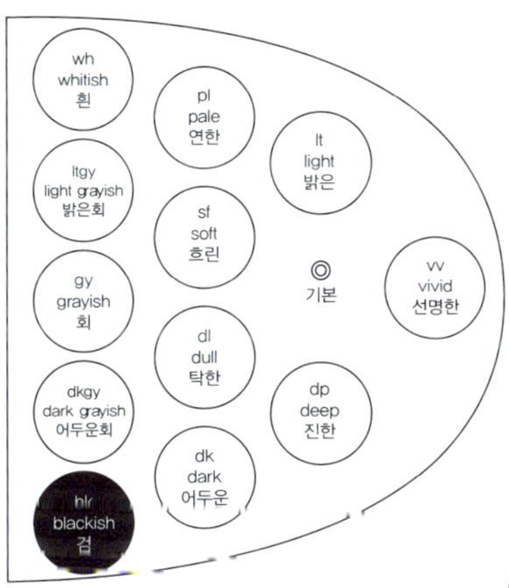

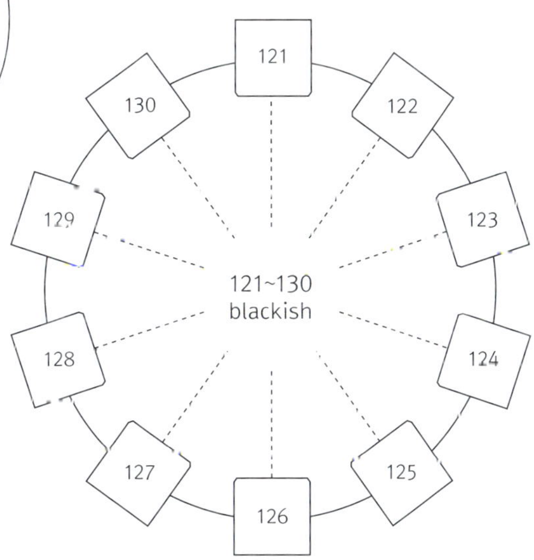

◎ 색조실습 2

◎ Red

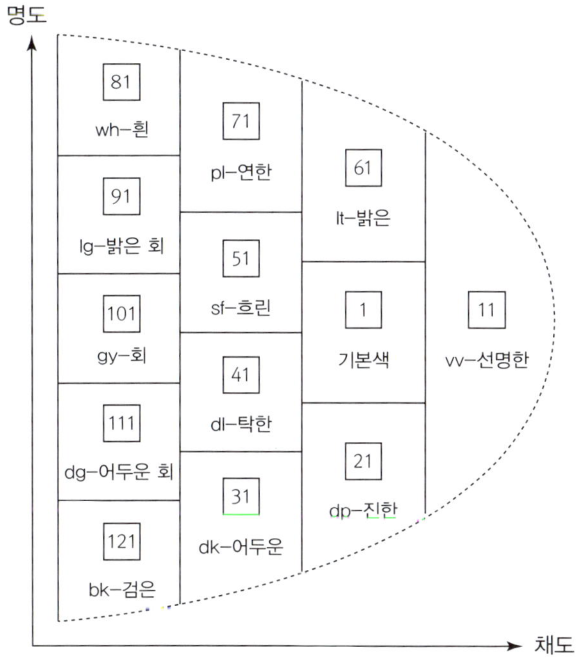

◎ Yellow Red

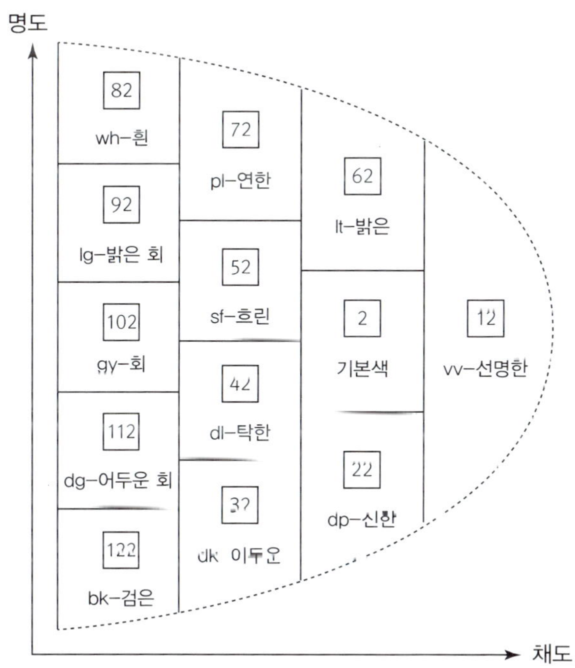

◎ Yellow

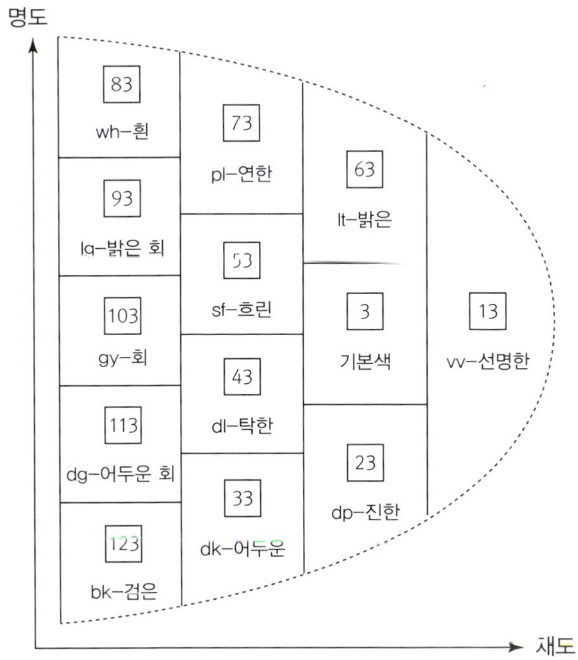

◎ Green Yellow

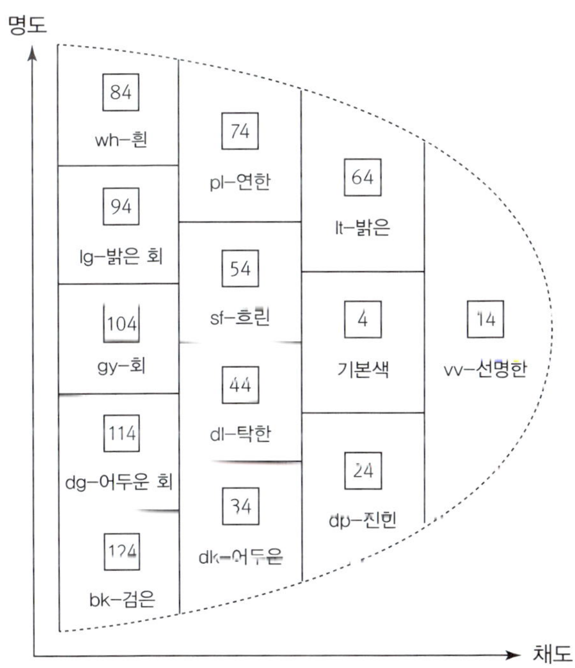

◎ Green

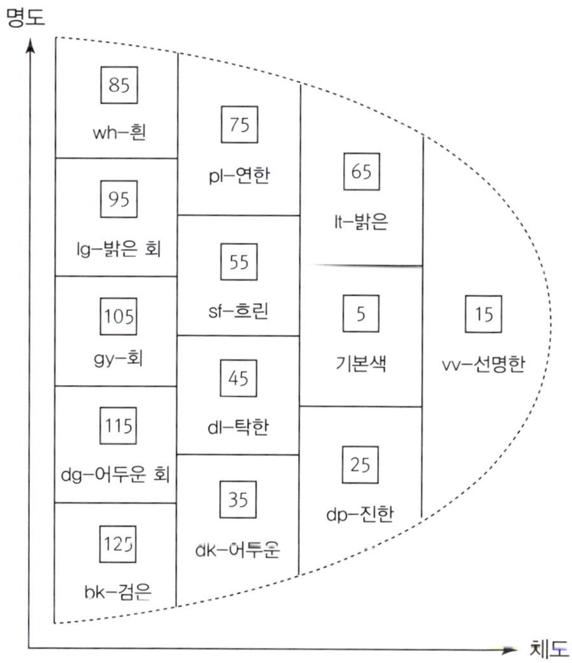

◎ Blue Green

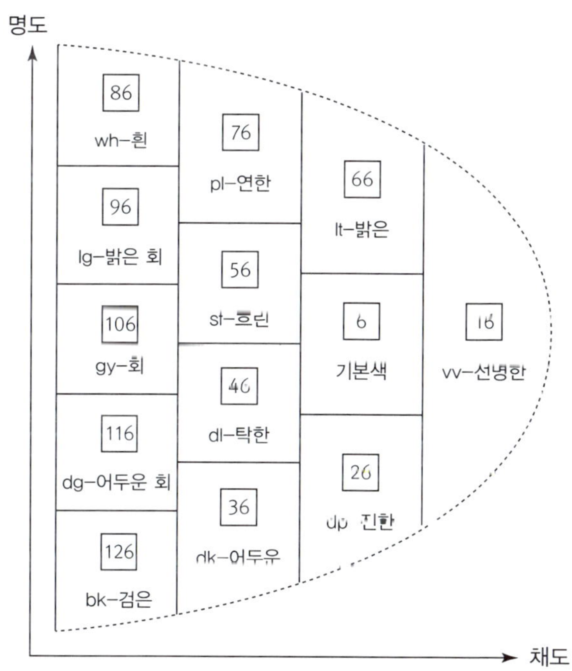

◎ Blue

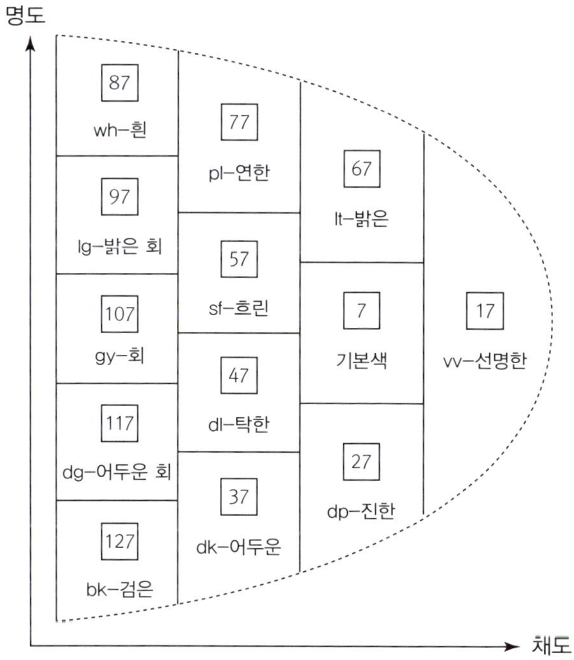

◎ Purple Blue

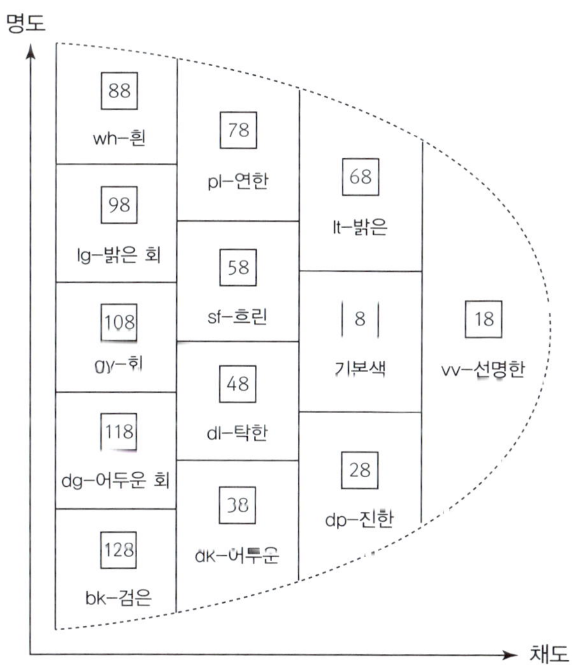

◎ Purple

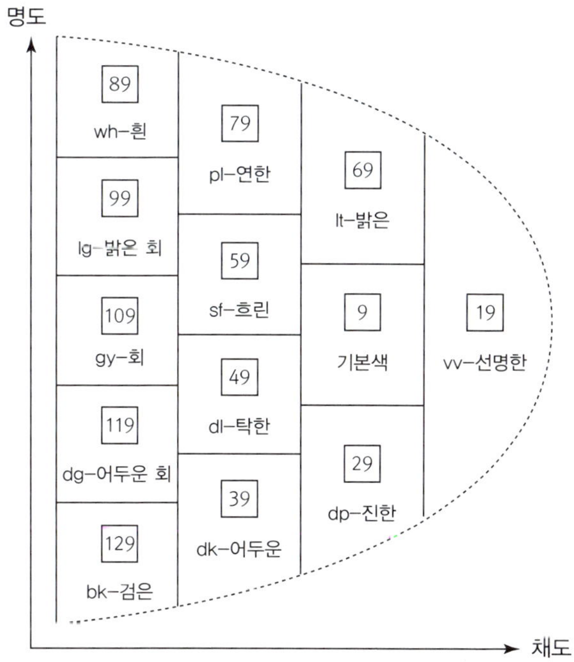

◎ Red Purple

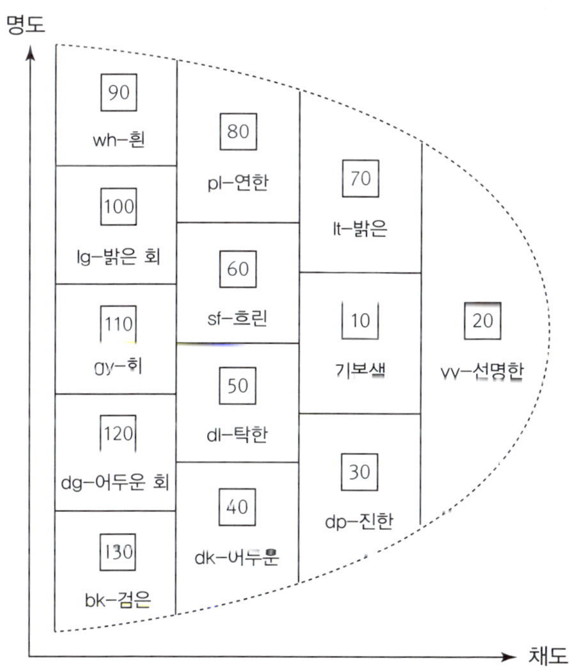

06 Chapter 색채심리

1 색채의 감정효과

색은 일반적으로 색은 무채색과 유채색으로 나뉜다.

1) 온도감

- 색의 3속성 중 주로 색상에 의해 지각됨
- 난색: 장파장의 빨강(R), 주황(YR), 노랑(Y) 등
- 한색: 단파장의 파랑(B), 남색(PB), 청록(BG) 등
- 중성색: 연두(GY), 초록(G), 보라(P), 자주(RP), 무채색 등

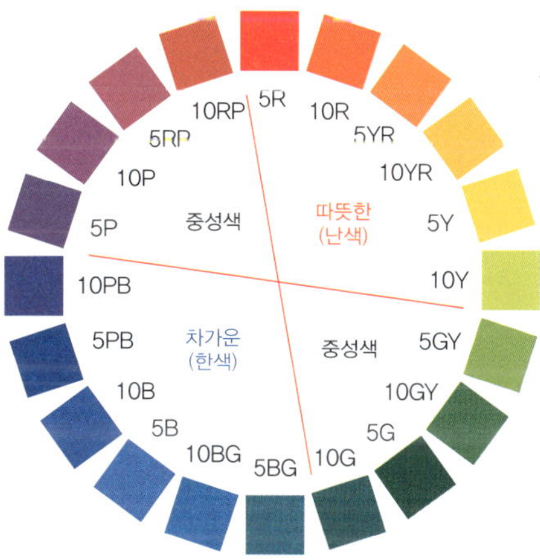

[색상과 온도감]

2) 중량감

- 색이 주는 무게감
- 색의 3속성 중 명도의 영향을 받음
- 고명도: 가볍고 경쾌한 느낌
- 저명도: 무겁고 가라앉는 느낌

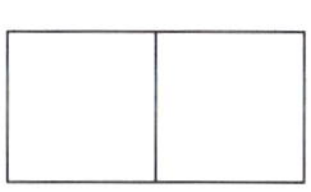

whitish tone
(81–90)

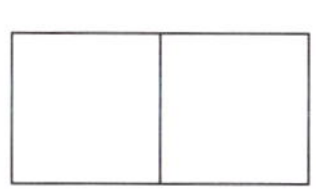

dark,blackish tone
(111–130)

3) 경연감

- 색이 주는 딱딱하거나 부드러운 느낌
- 색상보다는 명도와 채도의 영향을 받음
- 부드러운 느낌: 고명도, 저채도, 난색
- 딱딱한 느낌: 저명도, 고채도, 한색

71	72	73

36	37	38

4) 흥분, 진정

- 흥분: 난색, 고명도, 고채도 ⓔ 우울증 환자의 치료 병실 적용
- 침착: 한색, 저명도, 저채도 ⓔ 흥분한 환자의 병실 적용

61	62	63

46	47	48

5) 거리감, 부피감

- 팽창 & 수축, 진출 & 후퇴
- 팽창, 진출: 난색, 고명도, 고채도
- 수축, 후퇴: 한색, 저명도, 저채도

81	82	83

116	117	118

6) 주목성

- 자극이 강하여 눈에 잘 보이는 정도
- 고명도, 고채도, 난색이 주목성이 높음
- 위험표시판, 화재경보벨, 소화기 등

7) 명시성

- 멀리서도 잘 보이는 정도
- 대상의 크기와 배경색에 영향을 받음
- 검정+노랑, 초록+하양, 빨강+하양 배색이 명시성이 높음

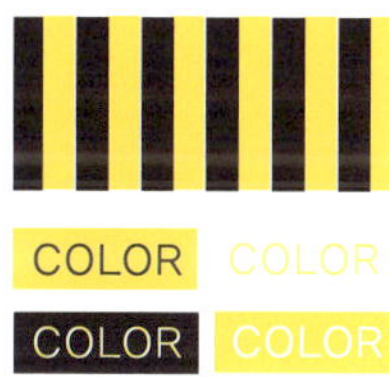

2 색채와 공감각

1) 색채와 미각

난색계열의 색은 단맛, 한색계열의 색은 쓴맛을 나타내며 무채색은 미각을 느낄 수 없다.

2) 색채와 청각

- 뉴턴의 7음계
- 빨강(도), 주황(레), 노랑(미), 녹색(파), 파랑(솔), 남색(라), 보라(시)
- 높은 음: 고명도, 고채도의 밝은 색
- 낮은 음: 저명도, 저채도의 어두운 색
- 예리한 음: vivid톤에 가까운 고명도, 고채도의 맑고 선명한 색
- 탁한 음: 회색계열의 색

3) 색채와 후각

일상의 경험에 대한 기억에서 연상된다.

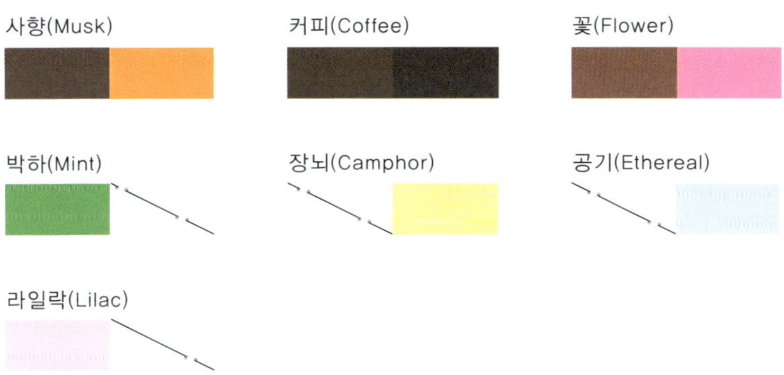

3 색채대비와 동화

2가지 이상의 색들이 인접색이나 배경색의 영향으로 원래와 다르게 느껴지는 현상을 색채대비, 색채동화현상이라고 한다. 색채대비에는 계시대비와 동시대비가 있다.

1) 계시대비

- 일정 시간 동안 어떤 색을 보다가 다음 색을 보았을 때 먼저 본 색의 영향으로 다음 색이 다르게 느껴지는 현상

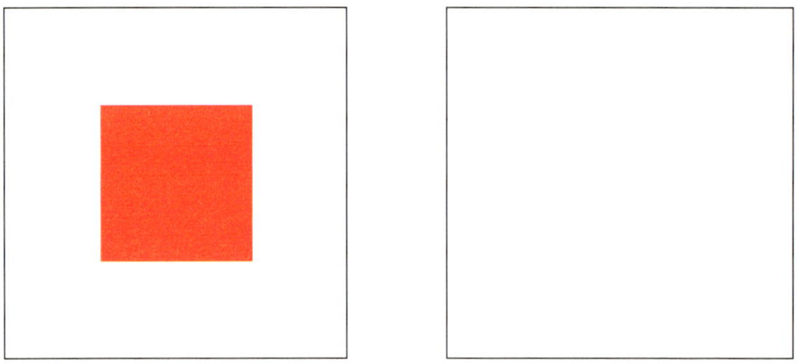

흰색 위의 빨간 색 사각형을 얼마 동안 보다가 옆의 흰색으로 시선을 옮기면 순간적으로 심리보색인 청록색이 나타난다.

2) 동시대비

① 색상대비

- 같은 색이 배경색의 영향으로 다르게 보이는 현상
- 색상환에서 멀어질수록 대비효과가 강하며, 원색의 1차색에서 대비효과가 강하다.
- 무채색 사이에서는 색상 대비현상이 없으며, 무채색+유채색, 유채색+유채색 사이에서만 나타난다.

② 명도대비

- 배경색으로 인해 같은 색이 명도차이가 느껴지는 현상

(배경색의 명도가 높으면 어둡게 보임. 배경색의 명도가 낮으면 밝게 보임)

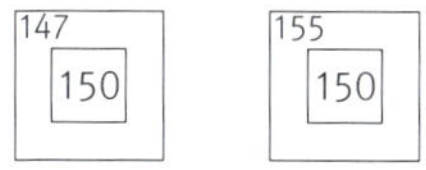

③ 채도대비

- 배경색으로 인해 같은 색이 채도차이가 느껴지는 현상

(배경색의 채도가 높으면 탁해 보임. 배경색의 채도가 낮으면 선명해 보임)

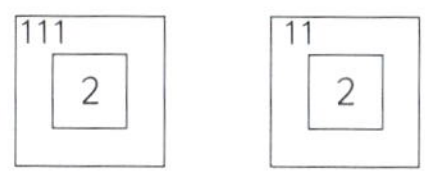

④ 보색대비

- 보색 관계의 두 색이 서로 영향을 주어 더욱 선명하게 보이는 현상

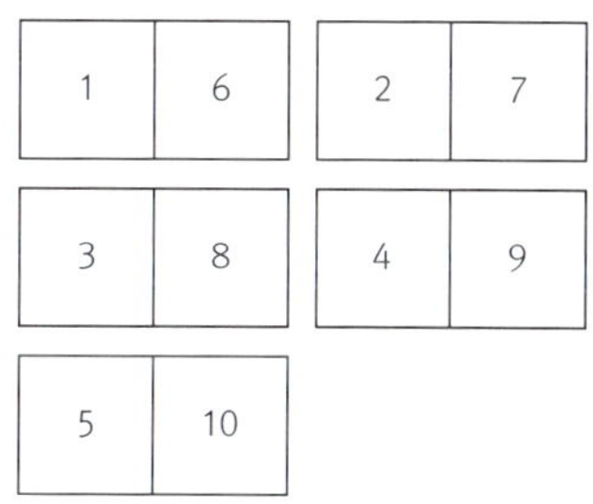

⑤ 면적대비

- 동일한 색이 크기에 따라 명도, 채도가 다르게 보이는 현상
- 크기가 커질수록 밝고 선명하게 느껴진다.

⑥ 한난대비

- 한색과 난색이 대비되었을 때 온도감이 강하게 느껴지는 현상

⑦ 연변대비(경계대비)

- 색과 색이 인접한 경계부분이 강조되어 지각되는 현상

3) 색채동화

- 두 가지 이상의 색채가 동시에 지각되는 조건에서, 각각의 색채들의 속성이 상호 간의 영향으로 혼합되어 원래의 색과 다르게 보이는 현상
- 색의 3속성에 따라 색상동화, 명도동화, 채도동화로 구분되며, 속성변화가 동시에 일어나는 경우가 더 많다.

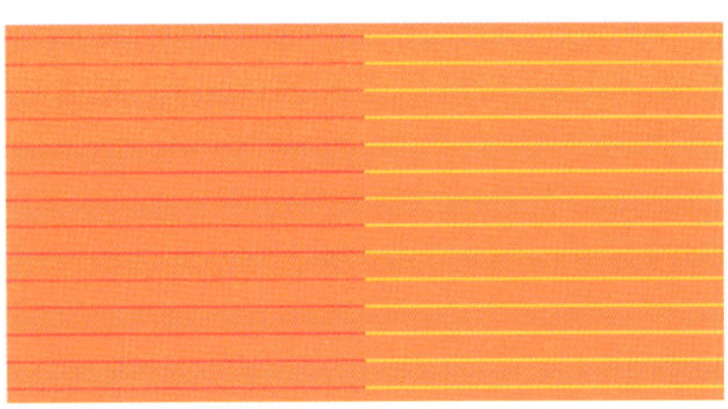

07 Chapter	색채배색

1 색상배색

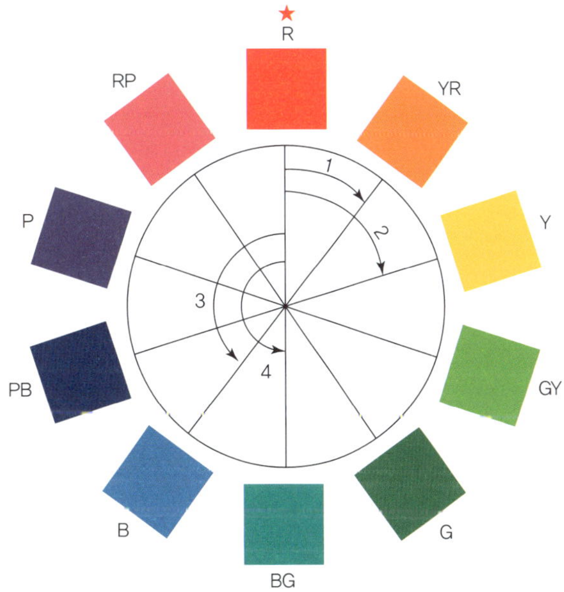

[빨간색을 기준으로 1,2가 유사색 3,4는 반대색]

1) 동일색상배색

- 색상환에서 같은 색상을 선택하고 채도, 명도를 다르게 하여 배색
- 안정적이면서도 세련된 배색

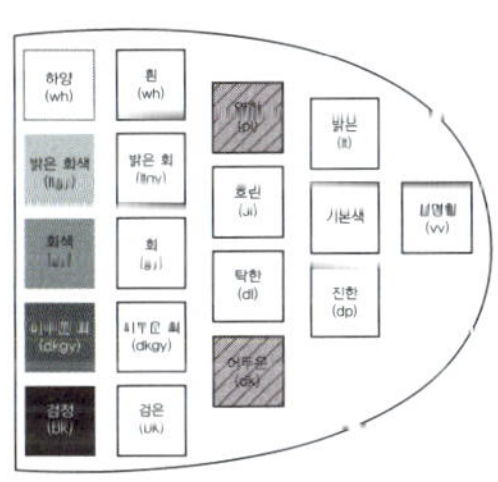
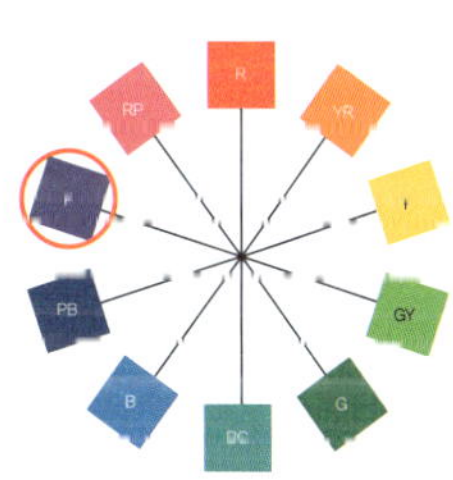
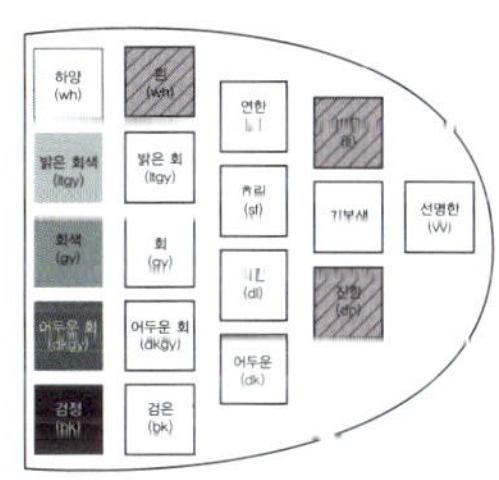

2) 유사색상배색

- 색상환에서 기준 색을 정하고 인접색상 간의 배색
- 색조는 같거나 다르게 배색
- 저채도 배색보다는 고채도 배색이 효과적이다.

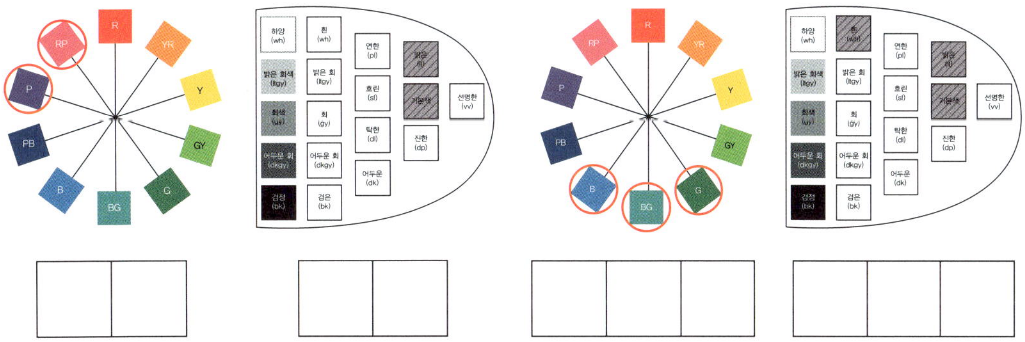

3) 반대색상배색

- 색상환에서 반대 위치에 있는 색상 간의 배색
- 색조는 같거나 다르게 배색
- 화려하고 개성 있는 이미지 연출 가능

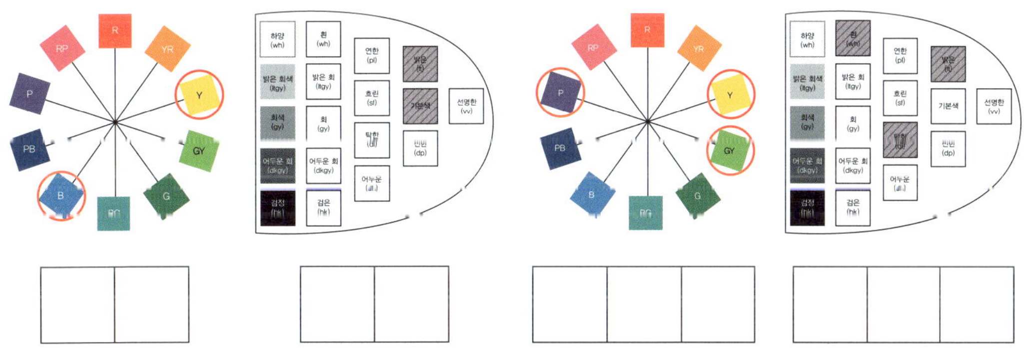

2 색조배색

1) 동일색조 배색

- 동일한 색조에서 색상을 다르게 하는 배색

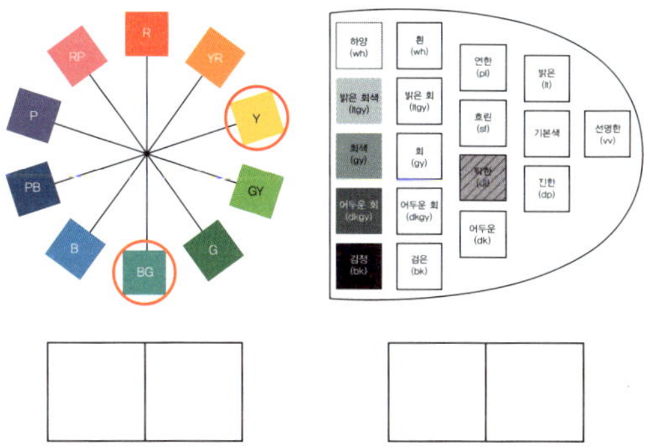

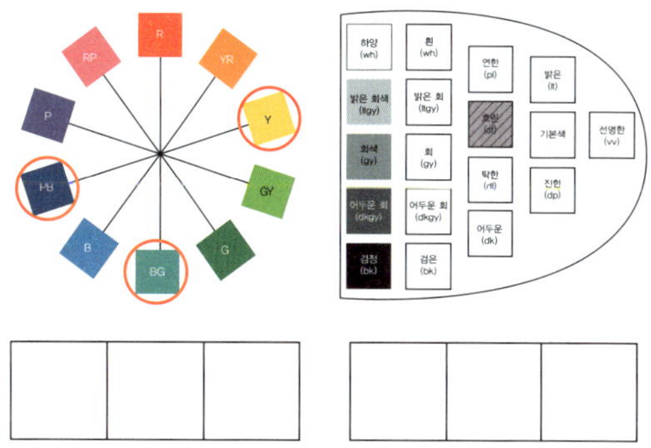

2) 유사색조 배색

- 유사한 색조 간의 배색

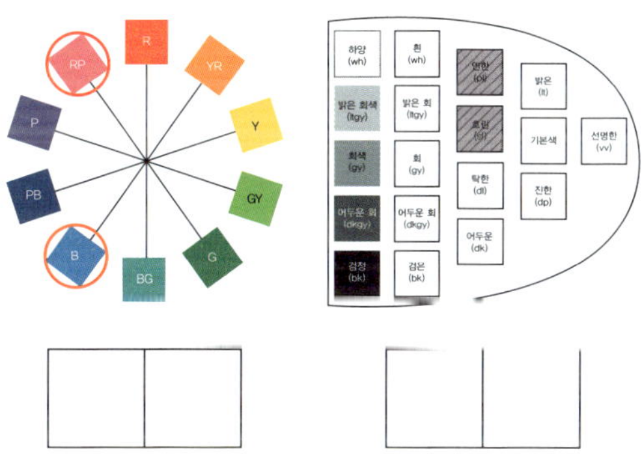

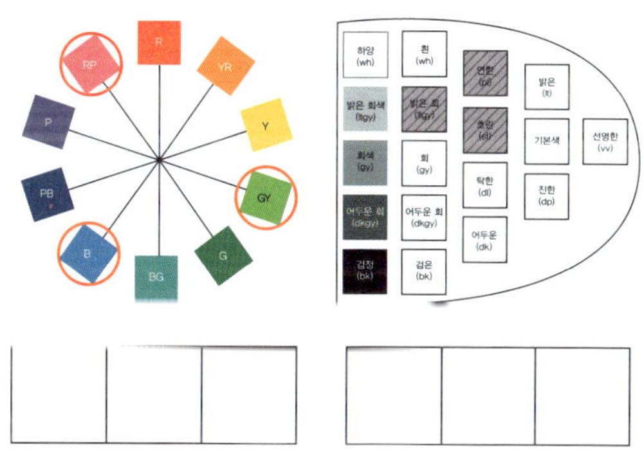

3) 반대색조 배색

- 반대되는 색조 간의 배색

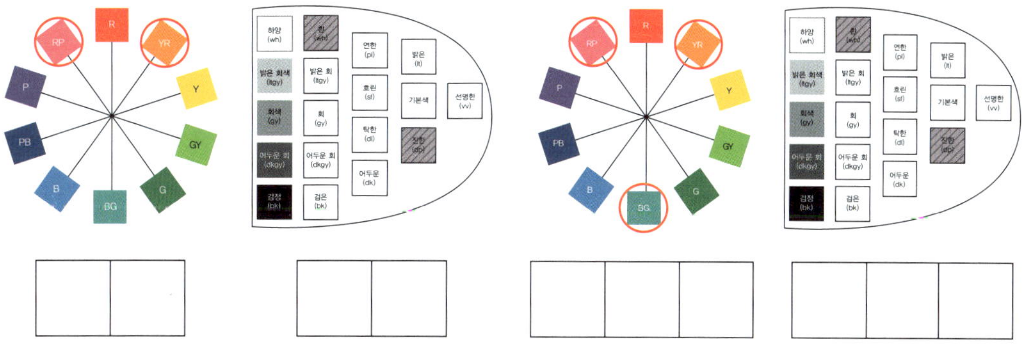

3 배색 기법

1) 배색의 구성요소

- 주조색 : 전체 이미지를 형성하는 색상으로 전체 색의 70%를 차지한다.
- 보조색 : 주조색을 보조하여 배색의 이미지를 형성하는 색상으로 20~30%를 차지한다.
- 강조색 : 전체 이미지의 변화와 강조를 나타내는 색상으로 5~10%를 차지한다.

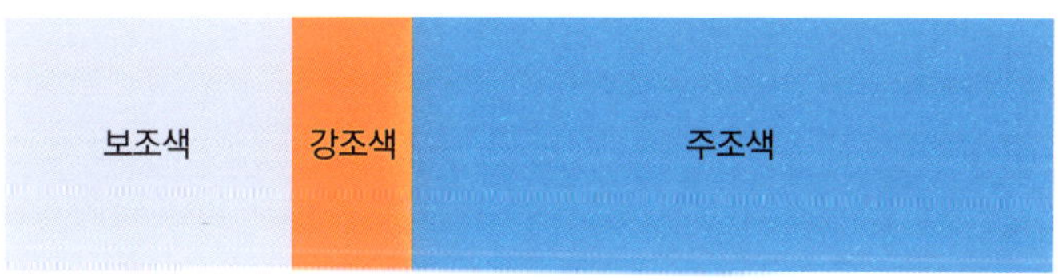

2) 톤온톤(Tone on tone) 배색

- 동일 색상에서 톤을 변화시켜 배색한다.

Image Map

3) 톤인톤(Tone in tone) 배색

- 동일한 색조에서 색상을 변화시켜 배색한다.

Image Map

4) 분리(Separation)배색

- 배색이 지나치게 단조로운 경우나 배색 대비가 너무 강한 경우, 대부분 무채색을 사용하여 중성적인 이미지를 연출한다.

Image Map

5) 그라데이션(gradation) 배색

- 색상, 명도, 채도, 색조를 단계적으로 변화시켜 리듬감과 운동감을 주는 배색

Image Map

6) 반복(Repetition)배색

- 두 가지 이상의 색상을 반복하여 배색
- 통일감, 융화감, 리듬감을 준다.

Image Map

7) 강조(Accent)배색

- 이미지가 전체적으로 단조로울 때 강조 색을 사용하여 전체배색을 돋보이게 한다.
- 강조색은 주조 색과 대조적인 색상이나 색조를 사용한다.

Image Map

8) 토널(tonal)배색

- 중명도, 중채도의 톤인톤 배색으로 전체적으로 차분한 이미지 연출이 가능하다.
- 주로 dull, light grayish 톤을 사용한다.

Image Map

Chapter 08 배색의 이미지

1 색의 연상

- 색상에 따라 각각 느껴지는 구체적인 연상과 추상적인 연상이 있으며 이러한 연상 감정은 성별, 환경, 문화권 등에 따라 차이가 있다.

◎ 색상에 따른 연상이미지

색채	인접색	구체적인 연상	추상적인 연상	치료 및 효과
	빨강	태양, 불꽃, 피, 장미, 사과, 자두, 소방차, 우체통, 빨강 고추	정렬, 애정, 활력, 강렬, 혁명, 위험, 흥분, 분노, 야만	노쇠, 빈혈, 무활력
	주황	귤, 오렌지, 감, 당근, 연어, 구명기구, 주황 파프리카	식욕, 행복, 만족, 풍부, 활력, 따뜻함, 온정, 젊음, 약동	무기력, 위험표시
	노랑	금, 바나나, 레몬, 교통표지, 신호, 개나리, 해바라기	행복, 희망, 광명, 명랑, 유쾌, 대담함, 빛남, 다정함, 감미로움, 질투, 경솔	신경제, 염증, 변비, 방부제
	초록	풀, 잎, 잔디 밭, 초원, 야채, 비상구	평화, 희망, 안전, 휴식, 신선, 성장, 침착	해독, 회복, 안정색, 중성색
	파랑	물, 호수, 바다, 해저, 하늘	젊음, 명상, 산성, 불멸, 권위, 위엄, 고요, 냉정, 차분	눈의 피로, 회복, 염증, 피서
	보라	포도, 라벤더, 수국, 제비꽃, 가지, 와인	고귀, 우아, 신비, 불안, 고독, 자만, 정서불안	예술감, 신앙심 유발
	분홍	분홍 장미, 분홍 코스모스	여성스러움, 따뜻함, 섬세함	우울증, 저혈압
	갈색	나무, 낙엽, 원목 가구, 땅(흙), 볶은 커피	풍성함, 안정, 클래식, 소박, 보수적, 침착함, 수수함	안정감
	하양	눈, 백지, 설탕, 우유, 구름	순수, 깨끗함, 천진, 순결, 청결, 결백, 진실	고독감 증가
	회색	흐린 하늘, 쥐, 잿더미, 기계	음울, 적막, 침정, 중요, 평범함, 무의미	우울증 증가
	검정	밤, 아스팔트, 연탄, 먹물, 숯, 까마귀	도시적, 세련, 불안, 죽음, 악, 고독, 어둠, 절망, 슬픔, 침묵	예복, 상복

2 색의 이미지 스케일

1) 단색이미지 스케일

- 색상이 갖는 명도, 채도에 따라 하나의 공간에 배치함으로써 객관적인 비교가 가능하다.
- 중심은 이미지가 0인 상태이고 상하좌우로 나갈수록 이미지가 강해진다.

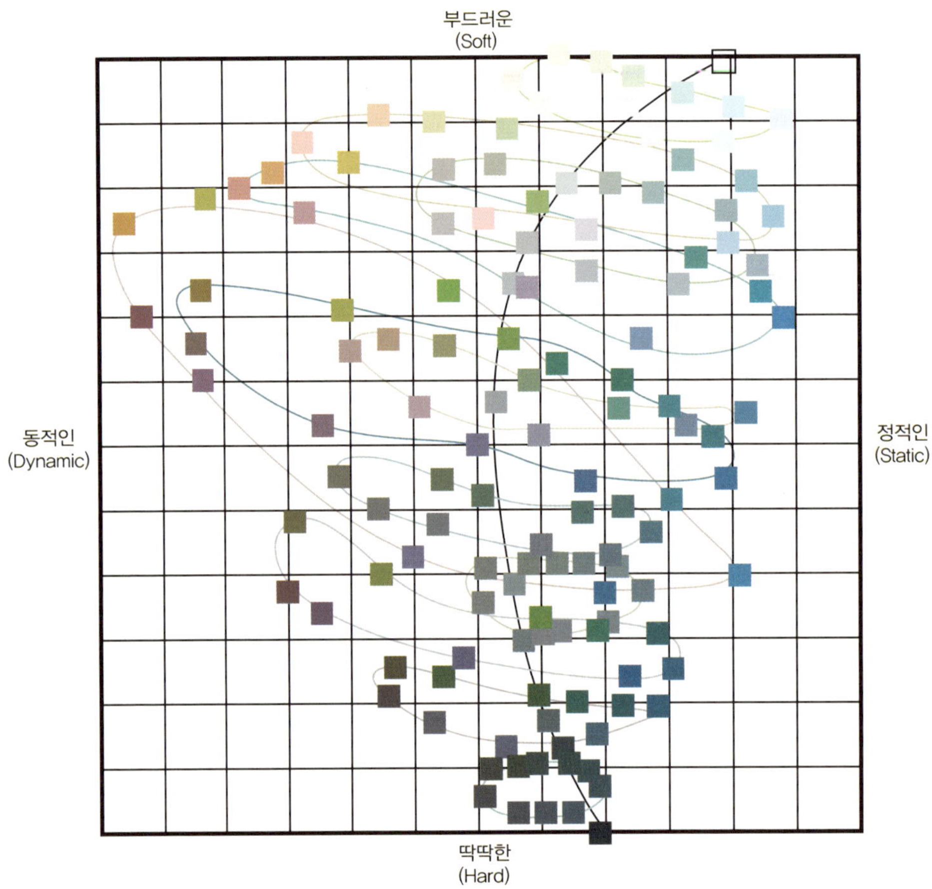

2) 배색 이미지 스케일

- 언어가 가지고 있는 추상적인 이미지를 특정 기준에 따라 객관적인 비교가 가능하도록 12개 형용사의 군으로 나누어 공간을 구성하였다.
- 색이 갖는 느낌을 '부드러운 - 딱딱한(고명도-저명도), 동적인(고채도)-정적인(저채도)' 4가지 축을 기준으로 구성한 이미지 공간이다.
- 감성배색을 활용한 마케팅 지표로 활용된다.

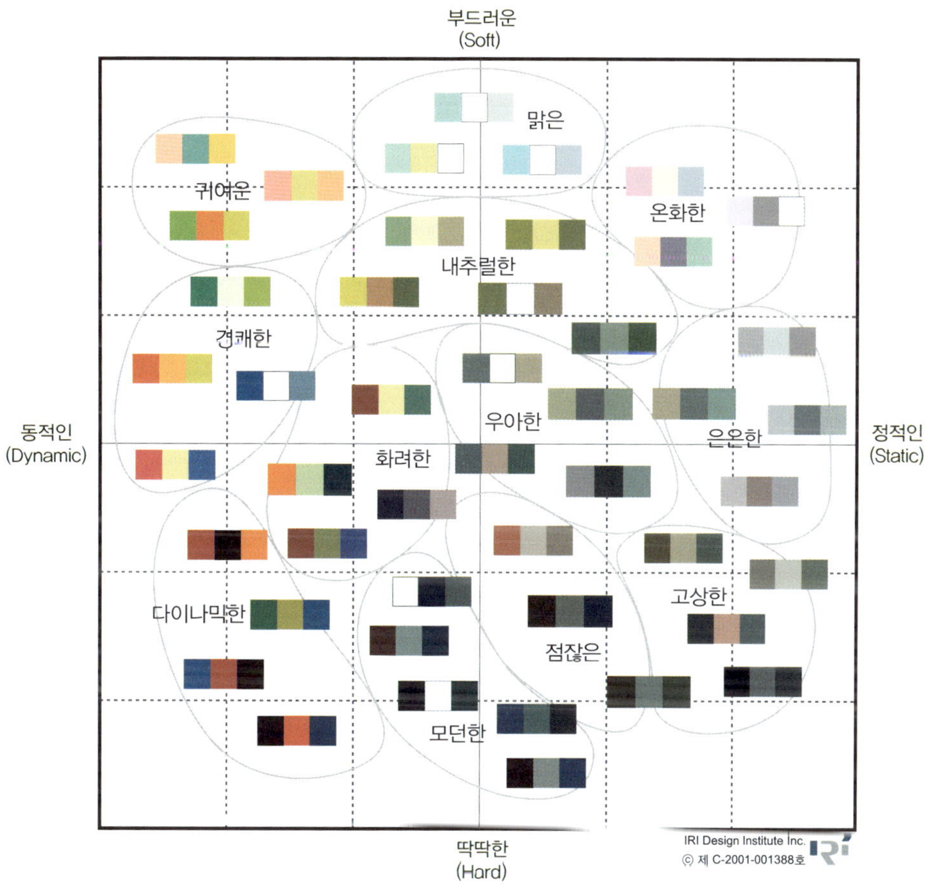

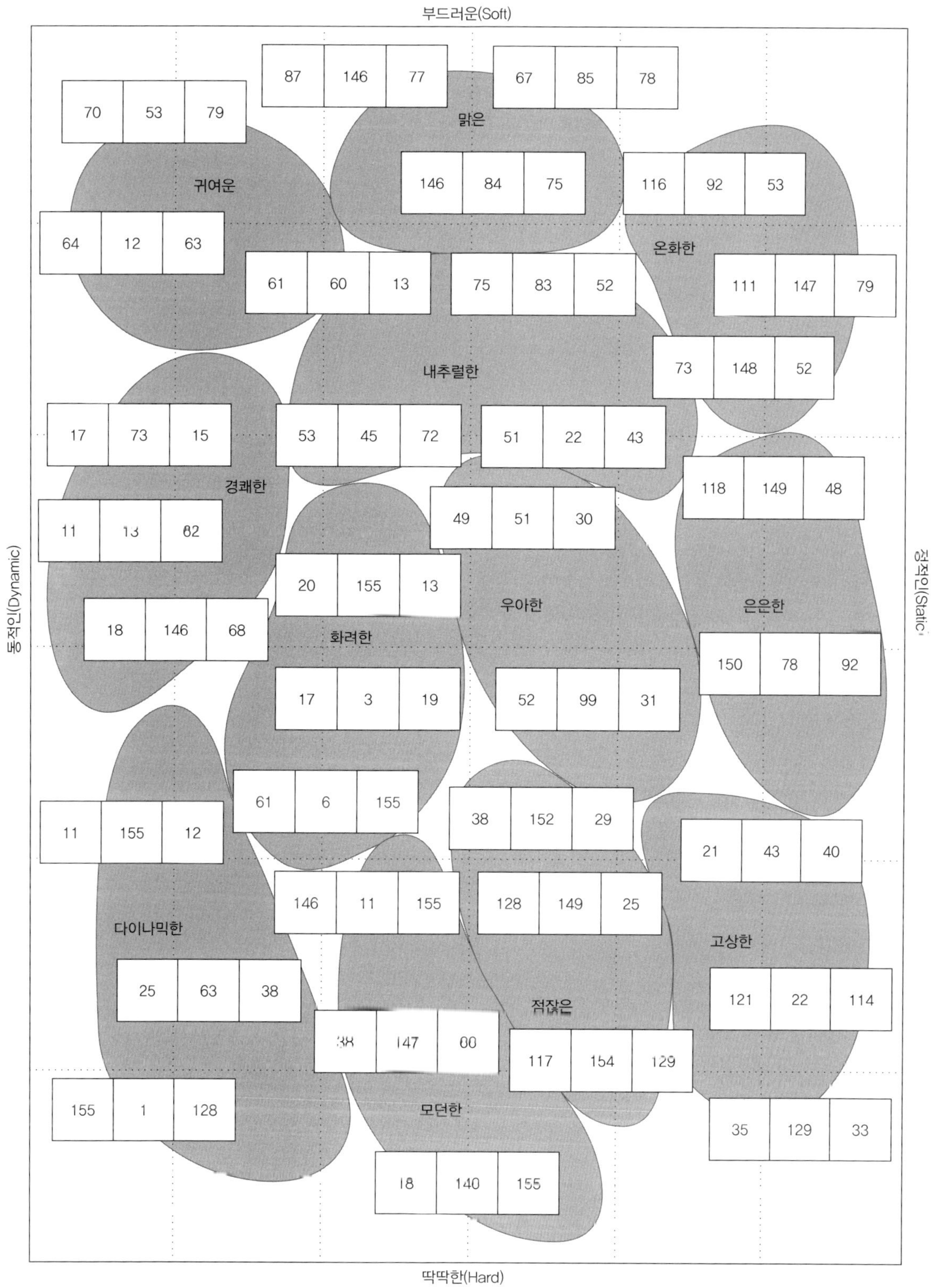
부드러운(Soft)
딱딱한(Hard)
동적인(Dynamic)
정적인(Static)
87 146 77
67 85 78
70 53 79
맑은
146 84 75
116 92 53
귀여운
64 12 63
온화한
61 60 13
75 83 52
111 147 79
내추럴한
73 148 52
17 73 15
53 45 72
51 22 43
경쾌한
118 149 48
11 13 82
49 51 30
20 155 13
우아한
은은한
18 146 68
화려한
150 78 92
17 3 19
52 99 31
61 6 155
38 152 29
11 155 12
21 43 40
146 11 155
128 149 25
다이나믹한
고상한
25 63 38
적잖은
121 22 114
38 147 00
117 154 129
155 1 128
모던한
35 129 33
18 140 155

3 언어 이미지 배색

1) 귀여운(pretty) 이미지

- 화사하고 선명한 고명도, 고채도의 light, pale, soft tone을 주로 배색한다.
- 밝고 선명한 빨강, 주황, 노랑과 같은 난색계열에 블루, 퍼플 계열의 한색을 배색하여 사랑스러운, 신선한, 쾌활한, 달콤한 이미지를 만들 수 있다.
- 10대 소녀의 귀엽고 감미로운 이미지 연출배색

Image Map

2) 로맨틱(romantic) 이미지

- 20대 여성의 사랑스러운 이미지 연출
- soft, pale, light tone을 주조로 가벼운, 부드러운, 온화한, 밝은, 깔끔한 이미지

Image Map

3) 엘레강스(elegant) 이미지

- 세련되고 고급스러운 절제된 여성미를 나타낸다.
- 30대 이후 여성의 성숙하고 우아한 이미지
- dull, soft, grayish, light grayish tone의 중간 색조인 보라, 분홍, 자주 등의 색상을 사용하여 배색한다.
- 고상한, 기품 있는, 세련된, 여성적인, 고급스러운 이미지

Image Map

4) 내추럴(natural) 이미지

- 중채도의 light grayish, dull 등의 중간 색조를 사용하여 배색
- 노랑, 연두, 초록, 갈색 등의 색상을 주로 배색
- 자연스러움, 포근한, 정다운, 친근한, 편안한 이미지

Image Map

5) 캐주얼(casual) 이미지

- 젊은, 스포티한, 자유로운, 율동적인 20대의 활동성을 강조하는 배색
- 고채도의 vivid tone이 주조색, soft, light, pale tone이 보조색
- 격식이 없는, 활동적인 편안한 이미지

Image Map

6) 모던(modern) 이미지

- 차가운, 현대적, 근대적, 도회적, 하이테크한 이미지
- deep, dark grayish, light grayish, grayish tone
- 미래적이고 첨단적인 느낌의 모던 이미지는 고명도 위주의 색채대비 배색으로 연출

Image Map

7) 클래식(classic) 이미지

- 고전적, 고상한, 전통적인, 중후한 이미지
- deep, dark, dull, grayish tone
- 전체적으로 고풍스러우면서 격조 있는 배색

Image Map

8) 고저스(gorgeous) 이미지

- 화려한 호화스러운, 중후한, 사치스러운 여성의 절제된 성숙한 화려함을 표현
- dull, deep, dark tone의 청록, 자주, 빨강 색상 위주로 화려하고 원숙한 이미지 연출

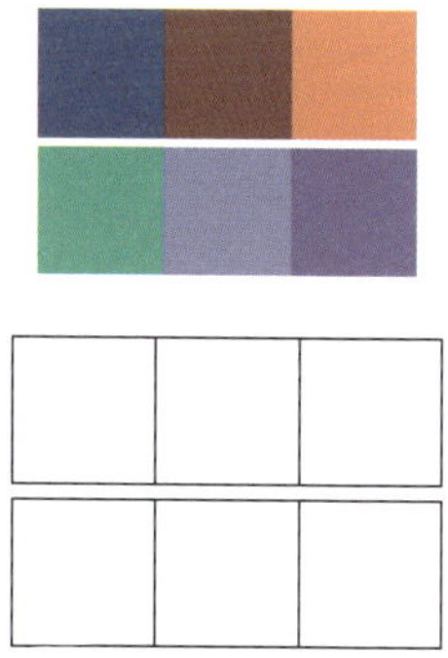

Image Map

9) 클리어(clear) 이미지

- 선명하고 깨끗한 이미지
- pale, light tone의 화이트, 블루, 그린 등의 밝은 한색 계열 배색

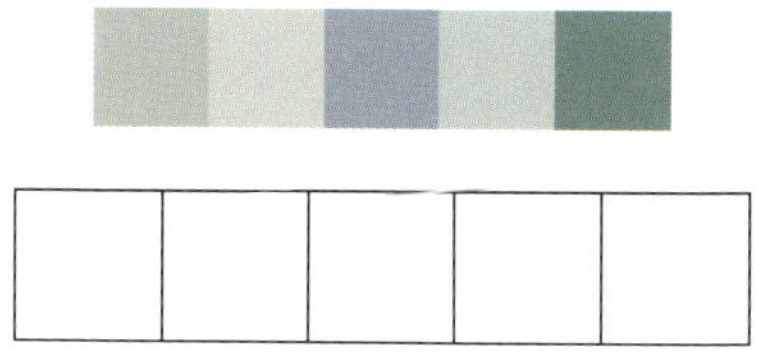

Image Map

4 퍼스널 컬러

1) 배색의 구성요소

- 퍼스널 컬러는 계절에 따라 다르게 나타나는 컬러를 기준으로 과학적이고 체계적인 과정을 통해 분석하였으며, 개인의 이상적인 이미지 연출에 도움이 된다.

- 피부 톤의 구분

① 웜톤(warm tone)

- 따뜻한 톤, 옐로 베이스
- 순색에 노란색이 혼합되어 있다.
- 온화하면서 동적인, 능동적, 감성적 이미지
- 봄, 가을

② 쿨톤(cool tone)

- 차가운 톤, 블루베이스
- 노란 빛이 없다.
- 이지적, 정적인 이미지
- 푸른 색, 회색 계열을 지니고 있다.
- 여름, 겨울

	Warm Tone	Cool Tone
피부색	아이보리(Ivory), 베이지(Beige), 크림베이지(Creamy Beige), 골드베이지(Gold-tone Beige), 카멜(Camel)	밝은 분홍베이지(Whitish Pink Beige), 로즈베이지 (Rose Beige), 회핑크베이지(Grayish Pink Beige), 적고동색(Reddish Brown)
머리카락색	밝은 갈색(Light Brown), 황갈색(Orange Brown), 암갈색(Dark Brown)	적갈색(Red Brown), 짙은회색(Blackish Gray), 검정(Black)
눈동자색	갈색(Brown), 주황(Orange), 초록(Green)	파랑(Blue), 보라(Purple), 회색(Gray), 검정(Black)

◎ warm tone, cool tone 피부타입

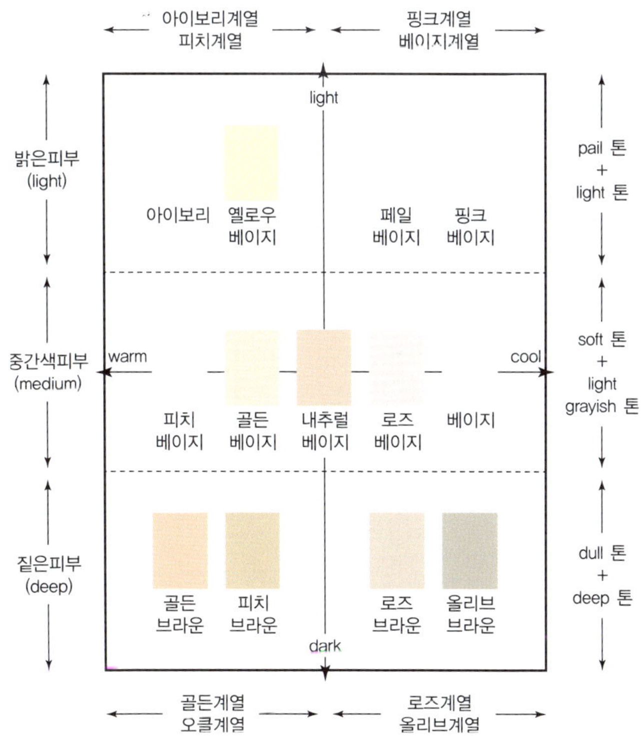

◎ yellow base, blue base 컬러군 참고

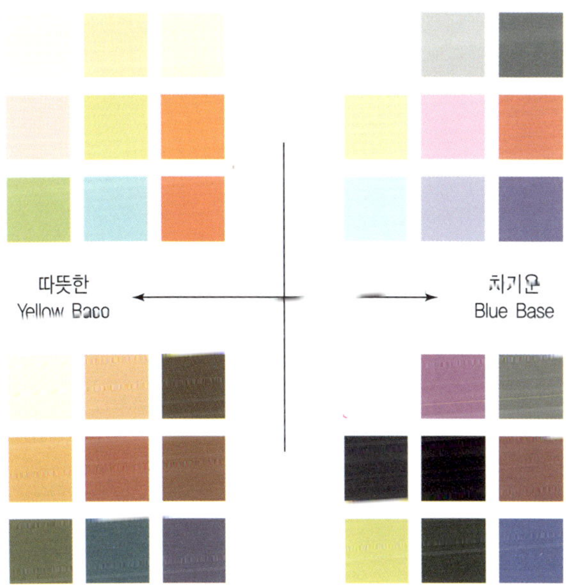

5 퍼스널 진단

1) 퍼스널 컬러진단 사전준비

- 직사광선은 피하고 최대한 자연광에서 진행합니다.
- 컬러 렌즈나 안경, 기타 악세사리 등을 제거합니다.
- 정확한 진단을 위해서 메이크업을 지운 맨 얼굴 상태에서 하얀색의 케이프와 헤어밴드를 착용합니다.

2) 퍼스널 컬러 육안 측정

	Warm	Cool
피부색	노르스름한 피부	창백하고 푸르스름한 피부
모발색	밝은 갈색 계열	블랙계열
눈동자색	갈색계열	블랙계열
대비감	피부색, 모발색, 눈동자색과의 전체적인 대비	

3) 드레이프 천을 이용한 컬러 진단

① 체크사항

피부색의 변화	노란기 감소/ 증가
	붉은기 감소/ 증가
	피부색이 밝아짐/ 어두워짐
	피부색이 투명해짐/ 탁해짐
	윤기가 있음/ 윤기가 없음
얼굴형의 변화	입체적으로 보임/ 밋밋하게 평면으로 보임
	전체적으로 부드러워보임/ 두드러짐

② 드레이프 컬러별 진단 포인트

SILVER & GOLD		전반적인 피부색과의 조화
WHITE		전반적인 피부색과의 조화
PINK	피부건강도	전반적인 얼굴 인상이 편해보이고 환해지면서 윤기가 있어 보임
		피부색이 창백해보이고 탄력이 떨어져 보임. 팔자주름이나 눈 밑 다크 써클이 두드러져 보임.
RED	피부혈색	피부색이 화사해보이고 이목구비가 선명해 보임
		피부색과 입술색이 어두워보임
YELLOW	피부투명도	전반적으로 피부톤이 환해지고 안정감있어 보임
		피부 투명감이 사라지고 창백해보이거나 어두워보임
GREEN	얼굴 윤곽 눈동자 선명함	얼굴 윤곽이 부드러워보이거나 이목구비가 뚜렷해보임
		창백해보이고 피부의 노란기와 붉은기가 도드리져 보임
BLUE	전체적인 조화	안정감있고 화사하고 선명해보임
		얼굴 윤곽이 분산되어 보이거나 어둡고 밋밋해보임

Image Map

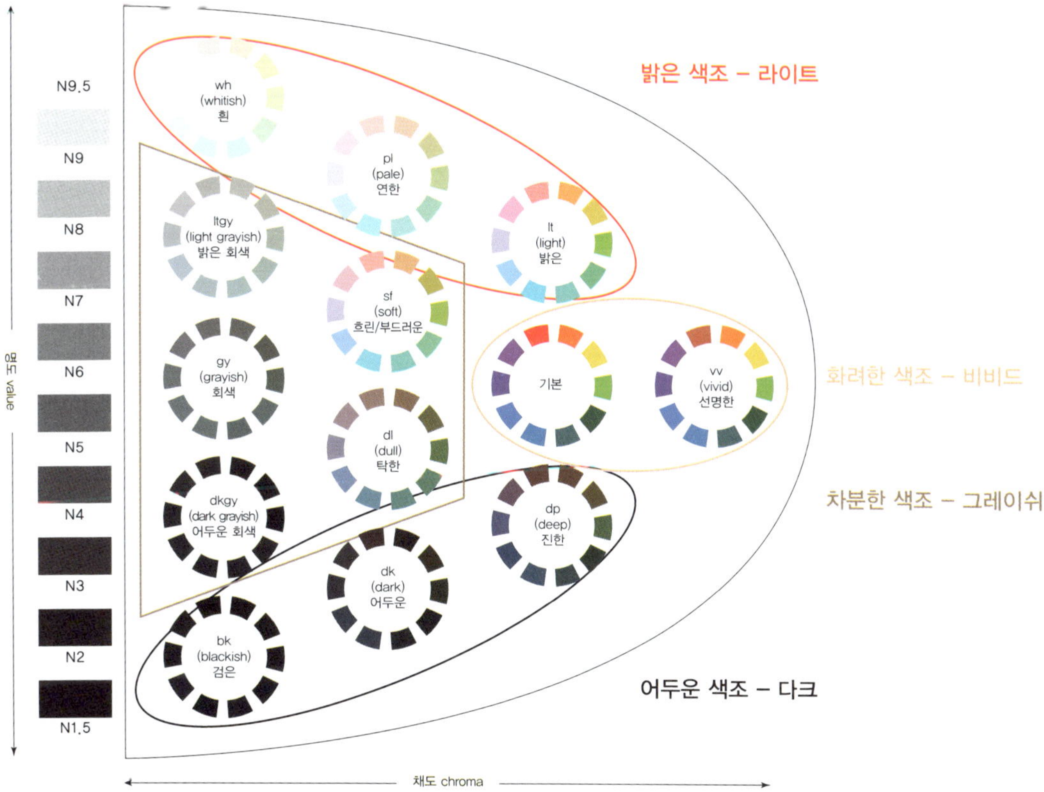

봄 웜색 (Yellow base)

명도↑ 채도↑

귀여움, 밝음, 명랑

봄 : 1, 2

여름 쿨색 (Yellow base)

명도↑ 채도↓

차분, 청초, 퓨어

여름 : 1, 3

가을 웜색 (Yellow base)

명도↓ 채도↓

우아, 고혹, 그윽한

가을 : 3, 4

겨울 쿨색 (Yellow base)

명도↑ 채도↓

차분, 청초, 퓨어

겨울 : 2, 4

6 사계절 배색

개인의 피부 온도감에 따라 웜톤과 쿨톤으로 구분하고 세부적인 특성에 따라 사계절로 나눈다.

1) 봄

- 여성스러운, 귀엽고 화사한, 활동적인 이미지
- 밝고 투명한 피부에 약간의 홍조를 띠는 피부
- 갈색 눈동자, 갈색 머리
- 밝은 명도의 배색이 적합
- 핑크, 연두, 노랑, 아이보리 등(pale, light, vivid tone의 선명하고 화사한 컬러)

[봄 퍼스널컬러]

Image Map

2) 여름

- 부드럽고, 차가운, 세련된 이미지
- 피부색이 희고 부드러운 핑크빛 볼
- 부드러운 갈색 눈동자, 회색 톤의 갈색 머리
- 명도는 높고, 채도는 낮은 배색
- 블루, 베이지, 그레이 등(pale, light grayish, grayish의 차갑고 부드러운 컬러)

[여름 퍼스널컬러]

Image Map

3) 가을

- 따뜻하고 충만한, 전통적인 클래식한 이미지
- 옐로 베이스의 노르스름한 갈색빛의 혈색 없는 피부
- 황갈색의 눈동자, 머리카락
- 명도, 채도가 낮은 배색
- 골드, 황갈색, 와인 등(grayish, dull, deep tone의 세련되고 부드러운 컬러)

[가을 퍼스널컬러]

Image Map

4) 겨울

- 차갑고 도시적인, 강렬한, 모던 이미지
- 여름 타입보다 강하고 푸른빛이 돌며 창백하고 투명한 피부
- 푸른빛이 도는 어두운 갈색, 검정색 머리와 회갈색, 검정 눈동자
- 채도가 높으면서 밝은 색과 어두운 색의 대비가 강한 배색
- 보라, 블랙, 화이트, 짙은 블루 등(vivid, deep, dark, dark grayish tone의 세련된 컬러)

[겨울 퍼스널컬러]

Image Map

참고문헌

- 백태윤 · 이다현 · 김용관, 미용색채학, 구민사, 2019
- 안나현, NCS기반 미용색채학, 구민사, 2016
- 이선경 · 권오혁 · 이정민, 퍼스널이미지메이킹, 구민사, 2018

권오혁
한성대학교 뷰티디자인매니지먼트학과 교수

이정민
한성대학교 뷰티디자인매니지먼트학과 교수

뷰티색채학

2019년 9월 2일 초판 인쇄
2019년 9월 5일 초판 발행
2025년 2월 28일 개정1판 발행

| 저 자 | 권오혁 · 이정민
| 발행인 | 조규백
| 발행처 | 도서출판 구민사
(07293) 서울특별시 영등포구 문래북로 116, 604호(문래동3가 46, 트리플렉스)
| 전 화 | (02) 701-7421(~2)
| 팩 스 | (02) 3273-9642
| 홈페이지 | www.kuhminsa.co.kr
| 신고번호 | 제 2012-000055호 (1980년 2월4일)
| ISBN | 979-11-6875-507-9 (93590)

| 값 | 25,000원